탐나는 칵테일 홈메이드 믹싱 칵테일 76가지

調酒技法全/圖/解

I CAN DRINK MORE THAN YOU
Alcohol is DEFINITELY SOLUTION
DRINK RESPONSIBLY.
WELCOME
"H.O.M"

MAKE COCKTAILS AT HOME.
Liquor
Store

作者序

比做菜簡單又有趣的調酒！

對第一次接觸「調酒」的人來說，應該會有既困難又特別，還很複雜的感覺。但只要稍微用點心思學，就會發現比做菜簡單，學起來輕鬆有趣。這是因為只要利用生活周遭容易取得的食材，就能創造出無窮無盡的全新飲品。當你把食材和酒類組合在一起、創造出專屬自己的雞尾酒時，那份感動和快樂一定超乎想像。一旦發現其中的樂趣，便會深陷得無法自拔、愛不釋手。

現代人的日常就是被繁忙工作追著跑，這點真實體現在我們的飲食文化裡。飲食是指「飲品」和「食物」，但普遍在人們生活中，「飲」占的比重少，幾乎都著重在「食」上。希冀總有一天各位都能過上享用一杯飲品、一杯雞尾酒的從容日常，我正是帶著這份心意準備了這本書。

在寫書時，我回憶起以前和朋友們一起調製雞尾酒時發生的種種趣事。沒想到每一杯雞尾酒竟然都有這麼珍貴的故事，真是令我驚訝不已；無論是食物還是飲品，其實還是要與人分享，才更有意義、更有滋味。這本《調酒技法全圖解〔附QRCODE教學影片〕》不是要人「學習」而是要「樂在其中」。我想像著各位讀者在家中與身旁心愛的人一起享受雞尾酒派對的幸福景象，真心期待這本書能派上用場。

朴珠和

| CONTENTS |

PART4_ Cheers! 今晚只和你一起享用雞尾酒

PART5_ 家的餐酒館！侍酒師精選料理×調酒的命定組合

PART6_ 向名人致敬！品嘗當代調酒的不敗風味

附錄

PATRON
TEQUILA

INTRO

開始調製雞尾酒之前必須知道的事

什麼是雞尾酒？

雞尾酒在字典上的定義為以酒精飲料（利口酒）混合其他醇酒、果汁、碳酸飲料或香料等調製而成，讓味道及香氣達成和諧。但雞尾酒迷主張，雞尾酒不僅是一種單純的酒類，還具有超乎想像的藝術價值。這是因為就算計量上只有些微的差異，也能讓味道有微妙的不同，還有盛裝在酒杯裡就是「美」的關係。

雞尾酒誕生於1930年代，當時美國受經濟大蕭條推行的禁酒令影響，人們開始將酒混進普通飲料來啜飲。受到萬眾喜愛的馬丁尼、曼哈頓等雞尾酒都是在這個時期創作出來的。隨著1933年解除了禁酒令，迎來了雞尾酒的全盛時期，並且在第二次世界大戰時傳播到全世界。

如何使用本書

第一、仔細閱讀INTRO，熟記雞尾酒的基本常識。

第二、透過以下列出的3大方法，選出適合自己的雞尾酒。

－方法1：參考目次（P8），考慮基酒、特色、搭配的料理、符合的季節或氣氛狀況來選擇中意的酒譜。

－方法2：確認每個酒譜上Tip欄所標示的酒精濃度、容量及主要的味道，選出適合自己的雞尾酒。

－方法3：利用本書最後INDEX索引（P183），依照基酒及酒精濃度的分類來挑選雞尾酒。

第三、參考每個酒譜上Tip欄建議的酒杯，選出適合搭配雞尾酒的杯子。

杯子能讓雞尾酒的味道和香氣達到加成的效果。

第四、可以藉由書中18支QRcord影片，透過調酒專家的示範教學習到訣竅。

書中常見的基本技巧

1. 搖盪 *shake*：透過搖晃把食材確實混合在一起

將食材放入雪克杯，混合不易相溶的各式食材，調出多樣的滋味。因為都會裝入冰塊一起搖，所以也能夠達到冰鎮的效果。不可以讓冰塊融化太多，因此盡速完成就是重點。

2. 攪拌 *stir*：用吧叉匙攪和

食材放入杯子後用細長條的吧叉匙攪拌來混合食材。

3. 堆疊 *layer*：層層堆疊而不混合食材

這是利用食材間相異的密度特性來堆出一層又一層的方法。成品頗有美觀的分層視覺效果，在享用雞尾酒時亦能嘗到不同層次帶來的特殊風味。

4. 打碎 *blend*：將食材和冰塊一同打碎

使用攪拌機將食材和冰塊一起打碎的方法。為了不讓飲料變得太稀，冰塊的量得控制在整體的50%以內。

5. 壓搗 *muddle*：壓搗食材而取得汁液

透過壓搗水果或草本香料的方式，釋放食材的味道和香氣。

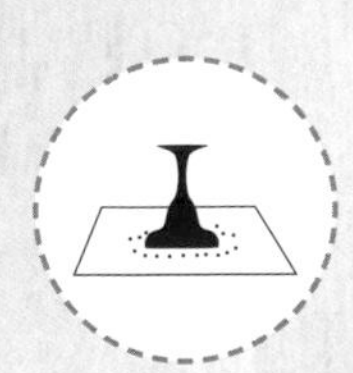

6. 鑲邊 *rimming*：將食材沾在杯緣上

在就口的酒杯邊緣沾上鹽（鹽邊）或糖（糖邊）的方法。倒入雞尾酒前，先將酒杯沾一圈的檸檬汁，然後準備一盤的鹽或糖，倒置杯子好讓杯緣沾上鹽或糖。酒杯的杯緣以外應保持乾燥的狀態，在沾鹽或糖時才沾得平均，不會大塊大塊黏在一起。

調酒的基本計量方法

計量利口酒*時

－可利用玻璃杯或紙杯來簡易測量

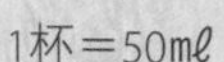

1杯＝50mℓ

½杯＝25mℓ

計量糖時

－可利用量匙來計量

1大平匙＝15g

1茶平匙＝5g

調酒的三個構成要素

1. 基酒（Base）

構成雞尾酒的最核心要素。基酒是奠定整體味道、香氣、色澤的基礎，也是帶頭影響調配方向的主要元素，能決定飲料的重點特色。基酒使用的是伏特加、琴酒、蘭舌酒、白蘭地、蘭姆酒、威士忌等蒸餾酒。

2. 填充物（Body）

這類食材占第二重要。會與基酒融合，影響雞尾酒的風味。通常會使用紅酒、香檳、波特酒（酒精強化紅酒）。此外，像通寧水、礦泉水、可樂、薑汁汽水這種添加香氣的碳酸飲料也同樣常被用作填充物。偶爾也會使用果汁、蔬菜汁、鮮奶油或雞蛋。

3. 風味添加物

如糖漿、利口酒*、苦精*，皆屬於增添風味的添加物，能在基酒和填充物組成的雞尾酒之上加深味道、香氣和色澤。

***利口酒**：在經蒸餾後的酒水上加入水果、果汁、草藥等成分，再加入糖、葡萄糖、蜂蜜、糖漿等甜味劑而製成的調和酒。

***苦精**：一種定香劑，可增添雞尾酒或飲料類的香氣。

基酒入門款

琴酒 *gin*

是以穀物為原料經發酵與蒸餾製造的烈酒基底。最富盛名的雞尾酒「乾馬丁尼（P.166）」指的便是琴酒。

伏特加 *vodka*

無色、無味、無香的酒。所以在調酒時完全不用擔心影響其他食材，也能加深風味。是最常見也最適合當作基酒的蒸餾酒。

蘭姆酒 *rum*

甘蔗蒸餾後製成的酒。常見的有白色蘭姆酒和黑色蘭姆酒，會用來調配雞尾酒的以白色蘭姆酒為主。把蘭姆酒當基酒製成的雞尾酒，酒精濃度通常偏高。

威士忌 *whisky*

主要以穀類、偶爾以馬鈴薯作為原料製成的蒸餾酒。由於風味濃郁，適合使用在簡易單純的雞尾酒上。

白蘭地 *brandy*

白蘭地一詞源自荷蘭文「Brandewijn（燃燒的葡萄酒）」，通常是以發酵的葡萄汁或葡萄酒蒸餾而成，其中又以葡萄製成的「干邑白蘭地」最有名。此外，也有使用蘋果或櫻桃製成的水果白蘭地。

龍舌蘭酒 *tequila*

作為墨西哥特產酒的龍舌蘭酒，是以藍色龍舌蘭鱗根汁液作為原料蒸餾而成的酒。以龍舌蘭酒作為基酒的雞尾酒中，最具代表性的就是「龍舌蘭日出」與「瑪格麗特」。

酒類的保存：貯存雞尾酒基酒和利口酒時，務必先將酒瓶瓶口擦拭乾淨、塞好塞子後，置於不會照射到陽光的陰暗處，或放入冰箱保存。

介紹調酒的基本工具

1. 雪克杯

藉由搖盪將食材混合在一起時使用的工具。如果要用其他工具來取代雪克杯，可以用杯口大到足夠讓冰塊通過、有蓋子蓋且能密封的容器。像保溫杯、隨身瓶這類的水瓶也可以。

2. 玻璃攪拌杯

用來混合食材的大酒杯。應使用杯口寬又厚的玻璃杯，以利攪拌和壓搗均勻。

3. 吧叉匙

攪拌飲料時需要的細長湯匙。專業級吧叉匙上，一端是小湯匙，另一端是叉子，叉子用於計量糖之類的少量食材，或是用於裝飾點綴。若只是一般家用，挑選長度夠長的湯匙即可。

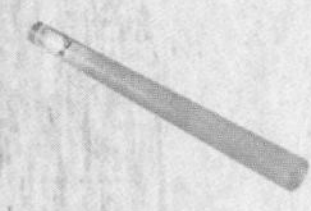

4. 調酒用搗棒

壓搗水果或草本香料出汁時使用的工具。亦可由廚房用搗碎棒代替。

5. 濾冰器（隔冰匙）

將食材混合後進行過濾的過濾器，在調製簡單的純飲（straight up）時會使用。如果有濾網，也可取而代之。

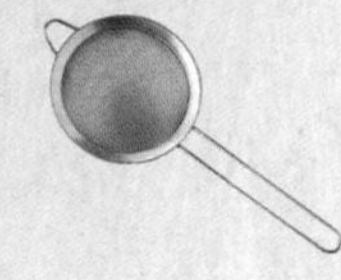

6. 濾網

可用來濾掉果肉等，和濾冰器的功能相同。此外，還可以輕鬆撈除多餘的義式濃縮咖啡或奶泡。

7. 榨汁器

用於擠壓出如檸檬、萊姆、柳橙等食材的汁液。

購買調酒工具與食材：調酒工具可至餐飲用具專賣店或網路商城購買，基酒及利口酒等食材則可至大型超市或酒類門市購買。

認識調酒常見杯具

雞尾酒要裝在什麼樣的杯具來享用也很重要。選用最符合雞尾酒特色的杯子與容量，才能在享用時感受到最佳的風味和香氣。在家裡調酒時，只要找出與下方圖片類似的玻璃杯，容量和大小差不多就OK。

shot杯 *shot glass*

也常稱作烈酒杯，大約30~60㎖的小酒杯。通常不加冰塊，以純飲的方式一口飲盡。

雙倍shot杯 *double shot glass*

高度為shot杯兩倍的長杯。純飲時使用。

瑪格麗特杯 *margarita glass*

杯口寬，杯身越往下越狹窄。常用於要在杯緣做鹽邊或糖邊裝飾的雞尾酒。

馬丁尼杯 *martini glass*

一提到「雞尾酒」就會想到的杯子，所以也常被稱作「雞尾酒杯」。在飲用少量雞尾酒時使用。飲用時，酒杯只需傾斜一點，就能輕易喝到杯裡的酒，所以用它就不必擔心會喝到扭傷脖子（笑）。

香檳杯 *champagne glass*

杯身細長，裝入香檳後便能欣賞漂亮的氣泡上升的模樣。因為氣泡沒那麼容易散去，所以被廣泛地用作盛裝香檳或碳酸飲料的雞尾酒杯。

颶風杯 *hurricane glass*

長得像葫蘆瓶的杯子，也被稱為「鳳梨可樂達杯」（pina colada glass），主要使用於含大量果汁的潘趣酒（punch）。

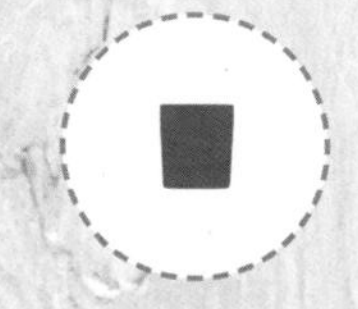

Rock杯 *rock glass*

為200~240㎖的寬口杯，適合用來飲用加冰塊的雞尾酒或威士忌。

高球杯 *highball glass*

又稱「直水杯」（tall glass），主要是在喝莫希托或含碳酸的雞尾酒時會使用的大杯子。

聞香杯 *snifter glass*

杯身呈鬱金香形狀的低腳杯，收合的杯口能將杯內的香氣集中。是最能充分感受酒香的杯子，常用來裝白蘭地系列調酒。

TIP 1

尋找適合自己的雞尾酒

1. 依據容量與冰塊多寡

- 短飲（Short Drink）：單獨基酒，或以基酒混合果汁等食材，未滿6盎司（160mℓ）的雞尾酒。由於不會加入冰塊，得趁飲品冰涼的時候，在10~15分鐘以內盡速飲用完畢，才能享受最佳的滋味。
- 長飲（Long Drink）：在基酒上混入水、碳酸、果汁等各式各樣的食材而製成。一般都是指超過8盎司（240mℓ）的雞尾酒。有冰塊，酒精濃度也偏低。調配好了之後，30分鐘內飲用都沒問題。

2. 依據味道

- Sweet：有著濃厚的甜味，常見於低酒精濃度的水果雞尾酒。
- Sour：富有酸味的雞尾酒。常見於含有檸檬或萊姆果汁的調酒。
- Bitter：帶苦味的雞尾酒，常作為餐前酒飲用。
- Dry：酒精濃度偏高，常見於馬丁尼類調酒。

3. 根據雞尾酒的名稱

- 費士（Fizz）：由開啟碳酸飲料時發出的聲響來取名。會以琴酒或利口酒作為基酒，加入糖、萊姆、檸檬汁，最後用蘇打水填滿整杯的雞尾酒。
- 酸酒（Sour）：酸酒就是味道酸的意思。會以威士忌、白蘭地等各種蒸餾酒作為基酒，加入檸檬汁、糖及糖漿，製作出酸酸甜甜的雞尾酒。

- 司令（Sling）：製作方法和費士類似，但分量更多。會添加水果利口酒，讓整體的味道變得順滑，並用水果做裝飾。最具代表性的雞尾酒是「新加坡司令」。
- 茱莉普（Julep）：來自西班牙語，意指吃下苦藥後為清口而喝的甜飲料。在玻璃杯內放入薄荷葉，並用搗汁棒擠壓而溢出香味，然後加入冰塊、威士忌、糖、糖漿等食材來製作而成。

TIP 2

5 步驟正確調出雞尾酒的味道

1. 確實搖盪

在進行搖盪步驟時，雪克杯一定都要用雙手。若只用一隻手抓著搖盪，可能會導致雪克杯掉落或內容物外漏，因此請務必多加留意。在操作時要盡速完成，不要讓冰塊融得太多。

2. 計量食材

調製雞尾酒時，必須經由精準的計量後再混合食材。而且在倒雞尾酒時，務必緊貼著杯具來倒，免得內容物外漏。

3. 使用吧叉匙

用來混合食材的螺旋形道具，透過快速旋轉來為食材攪拌。以食指和拇指捏住吧叉匙，再以中指和無名指輕輕夾住，攪拌時僅讓拇指和食指稍微使力。

4. 加入足量冰塊

大部分的雞尾酒都須加入冰塊。調製冰冰涼涼的雞尾酒時，甚至會在杯具裡裝入酒之前，先將杯具冰鎮過。放越多的冰塊，就會讓溫度更低，這樣更能長時間留住那些微小的氣泡，讓雞尾酒美味可口。

5. 杯具的保養

為了避免雞尾酒杯上出現水垢，要時常用玻璃專用毛巾（棉麻混紡布）將杯具擦拭乾淨。較大的杯具就用毛巾整個包起來擦拭，並避免在杯具上留下指紋。在盛裝雞尾酒時，用兩隻手指頭抓住杯具最底部來裝，盡量減少手部接觸杯具的面積。

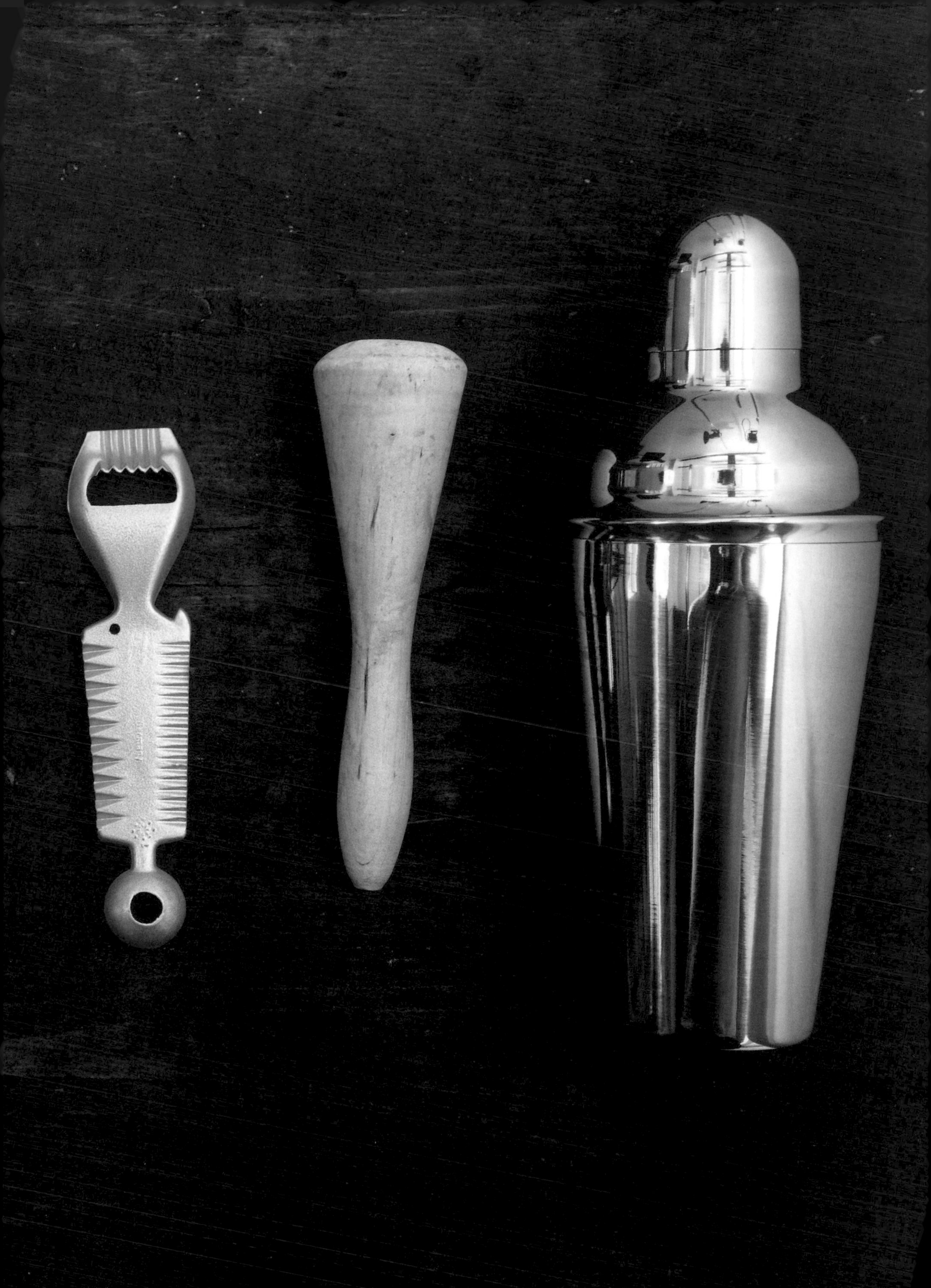

Part 1

一杯入魂！在家品嘗迷人的經典雞尾酒

Basic cocktails

Highball glass
類型｜長飲
主要的味道｜Sour
酒精濃度｜★☆☆
推薦下酒菜｜咖哩麵包

不用擔心酒精，就沉醉在香氣中

橘子酸酒

– mandarin sour –

很想享受雞尾酒，不過你的體質卻沒辦法喝太多酒，那麼，不妨試試看以視覺和嗅覺享受的雞尾酒吧！說的就是這杯充滿柑橘香氣的橘子酸酒。可以按照個人的喜好調整伏特加的量，輕鬆、零負擔地好好享用。

Ingredient

❶ 橘子口味的伏特加 45mℓ
❷ 柑橘苦精* 2~3滴
❸ 柳橙 ½顆
❹ 檸檬 ½顆
❺ 簡易糖漿 15mℓ
❻ 氣泡水
❼ 冰塊

* 柑橘苦精
安格式苦精中添加了柑橘香。

How to make

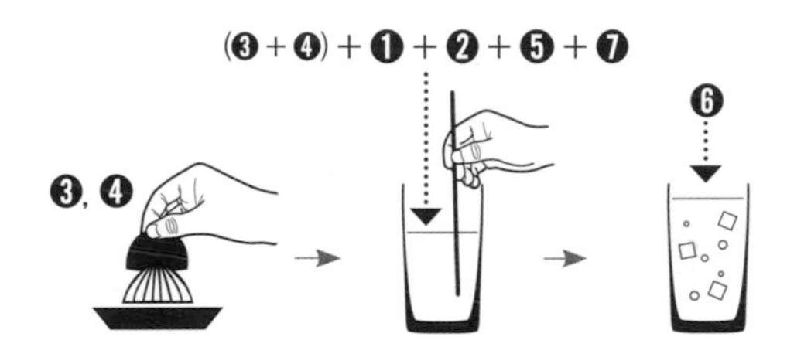

A：先將柳橙皮削成條狀，再將檸檬和柳橙榨出汁後備用。
B：高球杯中放入削好的柳橙皮和A汁液。
C：加入橘子口味的伏特加、柑橘苦精及簡易糖漿，然後再用冰塊裝滿杯後攪拌。
D：用氣泡水加到滿。

Tip

名稱中帶有「～酸酒（sour）」的雞尾酒，因含檸檬而帶有強烈的酸味。如果用蜜多麗（MIDORI哈密瓜香甜酒）取代橘子口味的伏特加基酒，就會是「蜜多麗酸酒」，如果用波本威士忌取代，則會是「威士忌酸酒」。

Margarita glass
類型｜長飲
主要的味道｜Sour
酒精濃度｜★★☆
推薦下酒菜｜墨西哥餡餅

回味初戀酸甜交織的滋味

瑪格麗特

– Margarita –

創作「瑪格麗特」的故事眾說紛紜，最富盛名的是1949年舉辦的全美調酒大賽冠軍作品，由約翰・杜萊瑟（John Durlesser）研發的雞尾酒。為紀念不幸死去的戀人而取名為「瑪格麗特」。在這杯調酒裡，萊姆的清爽與龍舌蘭酒原本的香氣很搭，而且酸、甜、苦、鹹四種味道俱全。此外，還是一杯能幫助消化的特別調酒。

Ingredient

❶龍舌蘭酒 45mℓ
❷萊姆 ½顆＋1切片
❸Triple Sec* 30mℓ
❹簡易糖漿 10mℓ
❺冰塊
❻鹽

*** Triple Sec**
以柳橙作為原料製成的利口酒。將帶有橙皮且散發其香氣的酒經過三次蒸餾而製成。
可以用同樣是橙酒的君度（cointreau）來代替。

How to make

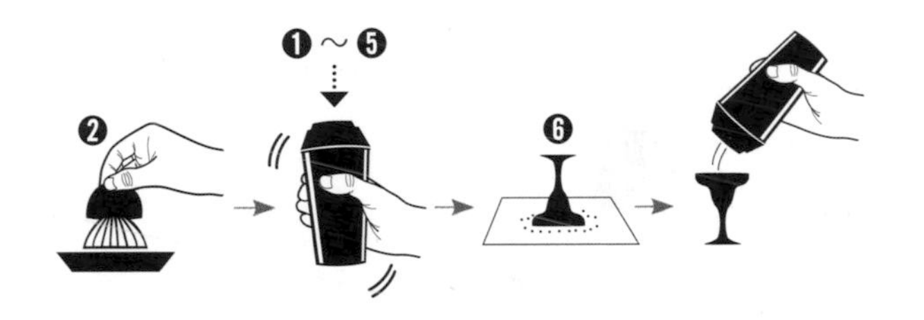

A：將½顆萊姆榨出汁並裝進雪克杯。
B：接著加入A和❶～❺的食材後搖盪。
C：用剩下的萊姆沿著杯口塗一圈後，鑲鹽邊。
D：接著將B倒進瑪格麗特杯中，過程中要小心別讓鹽掉落。
E：擺上切片萊姆來裝飾。

Tip

也可以把冰塊磨碎後放入杯裡喝。不過冰塊越小顆，融得就越快，容易導致酒被稀釋。所以如果想要喝比較濃的，就加大塊冰塊；如果想要沁涼清爽感，就加碎冰。

double shot glass
類型｜短飲
主要的味道｜Sweet
酒精濃度｜★★☆
推薦下酒菜｜蔓越莓乾

緩緩擴散的美麗漸層

排毒

– Detox –

「排毒」是有著漂亮漸層的雞尾酒，得讓中央的鮮紅色有擴散的感覺才算完成。這杯調酒的基酒屬於烈酒，但加入了蔓越莓汁和水蜜桃香甜酒之後，就變得很順口。喝這杯酒一定要一口乾，嘗到的味道和香氣才會最好，不僅如此，還能依序感受到伏特加的刺激、蔓越莓汁的酸味以及水蜜桃香甜酒的甜味。

Ingredient

❶水蜜桃香甜酒*
❷蔓越莓汁
❸伏特加
※上述食材各以1：1：1的比例混合。

*水蜜桃香甜酒
為水蜜桃利口酒，常用品牌為「Peachtree」。

How to make

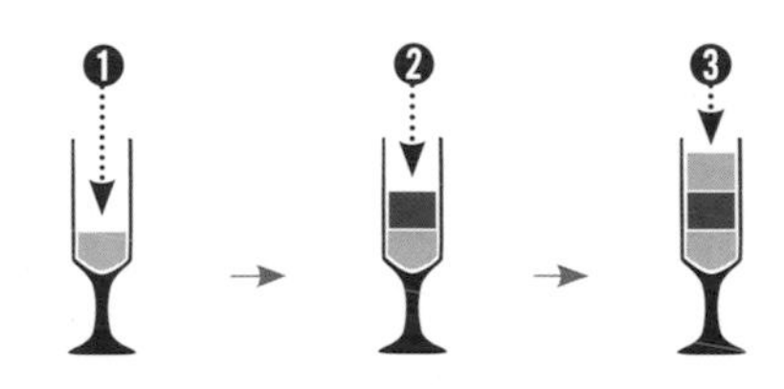

A：將各食材分別倒入小杯子備用。
B：像層層堆疊那般依❶→❷→❸的順序倒進雙倍shot杯中。

Tip

基本上會用右圖的雙倍shot杯來裝，但也可以特別使用像左側照片上的狹長型杯子來呈現這杯調酒。在漸層雞尾酒中，會使用「漂浮」一詞來表達。漸層是利用各個食材間的不同比重來呈現的，而為避免食材在製作的過程中彼此混到，在倒的時候會緩慢地倒。若想要享受更濃烈的酒味，就用波特酒來取代蔓越莓汁吧！

Mojito glass / Highball glass
類型｜長飲
主要的味道｜Sweet/Sour
酒精濃度｜★★☆
推薦下酒菜｜雞肉串

淡淡得像水彩畫一樣的飲品

覆盆子莫吉托

– raspberry mojito –

這是一杯在經典莫吉托上增添覆盆子風味的雞尾酒，酒精味比原版伏特加莫吉托香氣溫和。

Ingredient

❶覆盆子口味的伏特加 60mℓ
❷萊姆 ¼顆
❸覆盆子 6~8顆
❹蘋果薄荷 9片
❺氣泡水
❻白砂糖 1匙
❼碎冰
❽覆盆子、薄荷葉（裝飾用）

How to make

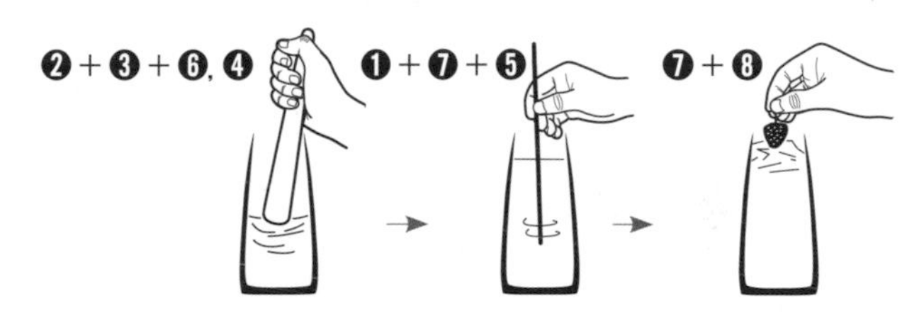

A：在高球杯或莫吉托杯中放入萊姆、覆盆子與白砂糖後搗碎。
B：放入蘋果薄荷葉後稍微搗碎。
C：加入覆盆子口味的伏特加，再用碎冰填滿。
D：加入氣泡水並輕輕地攪拌。
E：把冰塊磨得更碎後再次裝入杯中，擺上覆盆子和薄荷葉來裝飾。

Tip

如果薄荷太碎，會影響飲用時的口感，所以為了避免碎塊太多，搗的時候盡可能放輕力道處理。若難以取得新鮮的覆盆子，可以用冷凍覆盆子、覆盆子果泥或覆盆子果醬來代替。

Martini glass
類型｜短飲
主要的味道｜Sweet
酒精濃度｜★☆☆
推薦下酒菜｜提拉米蘇

掃描QR cord
觀看製作過程

沉醉在咖啡的香味中

咖啡馬丁尼

– Espresso Martini –

因為含有酒精，所以被稱為18禁咖啡。雖然是馬丁尼，但在濃郁的義式濃縮咖啡香氣圍繞之下，讓馬丁尼的口感變得十分溫和，是真正的「美酒加咖啡」。

Ingredient

❶ 義式濃縮咖啡 20mℓ
❷ 覆盆子口味的伏特加 45mℓ
❸ 榛果糖漿 5mℓ
❹ 簡易糖漿 10mℓ
❺ 肉桂棒、咖啡豆（裝飾用）

How to make

A：將酒類、濃縮咖啡、榛果糖漿、簡易糖漿裝進雪克杯。
B：強烈搖盪，搖出充分的泡沫。
C：使用濾冰器或濾網，將B倒入馬丁尼杯。
D：依喜好程度，將肉桂棒磨出粉、撒在杯子上，擺上咖啡豆來裝飾。

Tip

使用原味的伏特加也可以，但若使用覆盆子口味的伏特加，第一口會先嘗到醇厚的義式濃縮咖啡香，而最後的尾韻則是香甜的覆盆子香，呈現出極具魅力的層次感。若難以取得義式濃縮咖啡，可以改用微量的即溶咖啡粉，沖泡出較為濃郁的咖啡。

Martini glass
類型｜短飲
主要的味道｜Dry
酒精濃度｜★★★
推薦下酒菜｜
開胃小菜（Canapés）

獻給優雅的都市女人

曼哈頓

– manhattan –

如果說「雞尾酒之王」是馬丁尼，那麼「王后」指的就是曼哈頓。紐約州曼哈頓早期為原住民的居住地，有一天他們的酋長喝醉酒後將土地賣掉了，因此便有了「曼哈頓（陶醉之地）」之稱。還有一個有名的傳說，就是英國邱吉爾首相的母親珍妮吉特（Jennie Jerome）女士，在美國進行第19屆總統選舉的期間，於曼哈頓地區的競選晚宴中創作了這杯雞尾酒而得名。

Ingredient

❶ 波本威士忌* 60mℓ
❷ 香艾酒 10mℓ
❸ 安格仕苦精* 2~3滴
❹ 冰塊 少許
❺ 櫻桃 1顆（裝飾用）

*** 波本威士忌**
源自於美國肯塔基州波本鎮，以玉米為主要原料蒸餾而成的威士忌。

*** 安格仕苦精**
由帶苦味的藥材製成的酒。會在雞尾酒中加入極少量來調味。

How to make

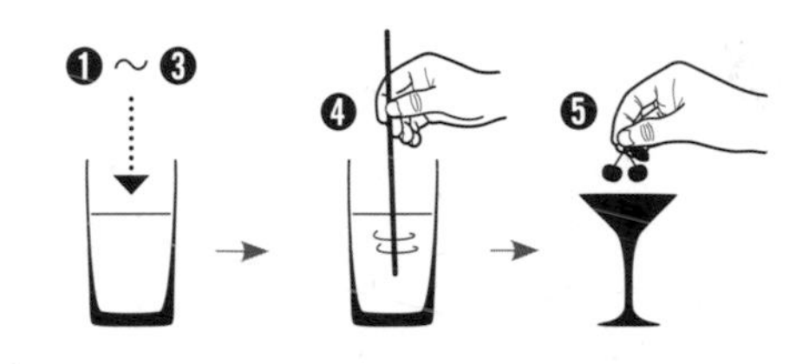

A：將所有酒類食材裝在玻璃攪拌杯。
B：加入少許冰塊，並攪拌到冰塊融化為止。
C：裝進馬丁尼杯中，擺上櫻桃來裝飾。

Tip

※ 這杯稱作「雞尾酒之后」的酒其實相當烈，飲用時要注意後勁。
※ 用櫻桃裝飾的方法：如下圖所示，用水果刀在櫻桃上切「V」字。

Hurricane glass
類型｜長飲
主要的味道｜Sweet
酒精濃度｜★☆☆
推薦下酒菜｜菠菜沙拉

椰子與鳳梨的南洋組合

鳳梨可樂達

— Pinacolada —

這是杯能充分感覺到度假氣氛的雞尾酒。鳳梨可樂達的主材料「椰漿和鳳梨」，是非常相配的組合。因為不含碳酸而是椰漿，口感十分滑順，可以依個人喜好決定要不要放酒，就算做成無酒精的飲品也很好喝。

Ingredient

❶ 蘭姆酒 45mℓ
❷ 椰漿* 45mℓ
❸ 柳橙汁 20mℓ
❹ 鳳梨汁 20mℓ
❺ 萊姆汁 10mℓ
❻ 冰塊 8~10顆
❼ 鳳梨 數塊（裝飾用）

*椰漿
東南亞國家的料理常以椰漿取代牛奶。由於在椰奶中加入了糖，而帶有滑順的口感及香甜的味道。

How to make

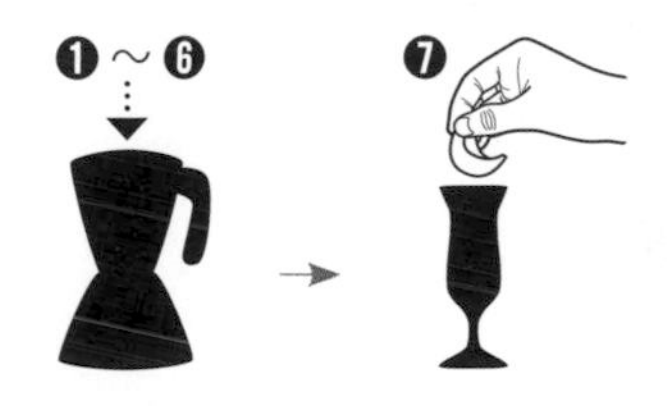

A：將食材和8~10顆冰塊裝進攪拌機打磨。
B：倒進颶風杯中。
C：擺放鳳梨塊來裝飾。

Tip

若要享用無酒精版本「金牌得主」（Golden Medalist），就是不加蘭姆酒，換成草莓和香蕉，並用攪拌機打磨即可。一般都會用長得像葫蘆瓶的颶風杯來裝，不過也可以像照片一樣改用椰子殼，展現特別的異國風情。

Highball glass
類型｜長飲
主要的味道｜Sweet
酒精濃度｜★★☆
推薦下酒菜｜三明治

掃描QR cord
觀看製作過程

享受與眾不同的柳橙風味

柳橙伏特加

– Vodka orange –

在柳橙的香氣之上增添沁涼感的柳橙伏特加，通常都直接用柳橙汁混伏特加調製而成，但在這份酒譜裡我果斷地把罐裝柳橙汁拿掉，反而加入現榨果汁，藉此保留更多新鮮味道。

Ingredient

❶ 伏特加 45mℓ
❷ 君度橙酒* 45mℓ
❸ 柳橙 ½顆＋1片
❹ 黃糖 1匙
❺ 氣泡水
❻ 冰塊

* 君度橙酒
用柳橙皮製成的利口酒。也常用來製作蛋糕和甜點。

How to make

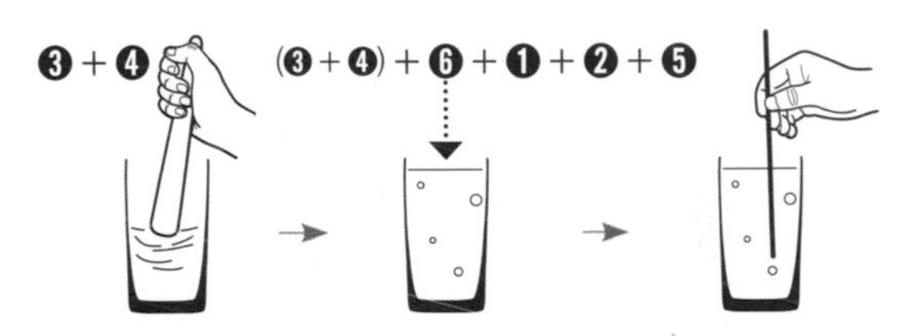

A：準備一顆柳橙，先將柳橙部分外皮削得又薄又長，作為最後裝飾備用。

B：在高球杯內加入切成小塊的½顆柳橙和黃糖後搗碎。

C：用冰塊填滿杯子，加入伏特加、君度橙酒和氣泡水後輕輕攪拌。

D：切一片柳橙薄片，貼在杯子內壁的顯眼位置做裝飾。

Tip

不照上方酒譜一樣加君度，也可以改成加90mℓ的伏特加。若不用新鮮柑橘，而是換成20mℓ的柳橙汁，就是「螺絲起子」；換成蘋果汁，就是「大蘋果」；換成檸檬汽水，就是「伏特加可林」，大家可以自行變換。

Copper Mug glass
類型｜長飲
主要的味道｜Sweet
酒精濃度｜★★☆
推薦下酒菜｜俄羅斯烤肉
（Shashlik）

裝在銅杯裡的清涼飲品

莫斯科騾子

— Moscow mule —

來自俄國的雞尾酒，由薑汁汽水、檸檬汁和伏特加一起組合而成。因為加入了薑汁汽水，喝起來既酸甜又順口。

Ingredient

❶ 伏特加 45mℓ
❷ 檸檬 ½顆
❸ 薑汁汽水* 10mℓ
❹ 碎冰
❺ 檸檬片、薑片、薄荷葉(裝飾用)

*薑汁汽水
又稱薑汁啤酒（ginger beer）。是無酒精成分的冷飲，通常會直接飲用或用於調製雞尾酒。以生薑為原料，混入檸檬、辣椒、桂皮、丁香等辛香料，最後再用焦糖上色。

How to make

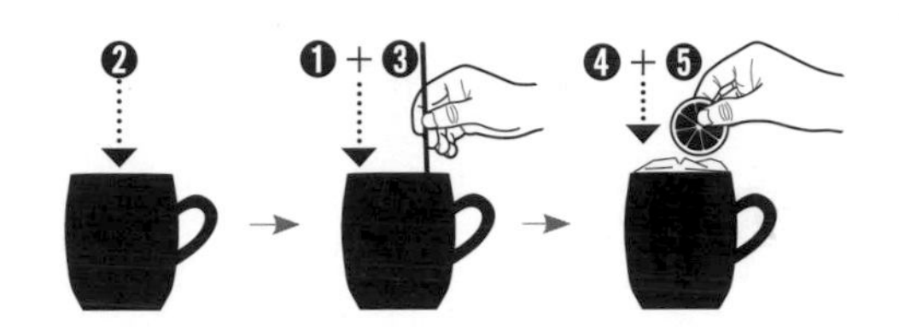

A：榨檸檬汁後放入杯中。
B：依序加入伏特加和薑汁汽水，然後攪拌。
C：放入碎冰，依喜好擺上檸檬片、薑片或者薄荷葉來裝飾。

Tip

莫斯科騾子一般都會使用銅製馬克杯（咖啡馬克杯），但也可以使用冰鎮過的玻璃馬克杯。

Rock glass / Highball glass
類型｜長飲
主要的味道｜Bitter
酒精濃度｜★★☆
推薦下酒菜｜堅果類

On the rocks調酒代表

威士忌可樂

– Whisky coke –

是威士忌和可樂達到最佳平衡的雞尾酒。在酒吧裡，大家比較熟悉的是加入「傑克丹尼威士忌」的「傑克可樂」，這份酒譜我以大家容易買到的威士忌做示範。

Ingredient

❶威士忌 45mℓ
❷可樂 10mℓ
❸萊姆 1/6顆
❹冰塊

How to make

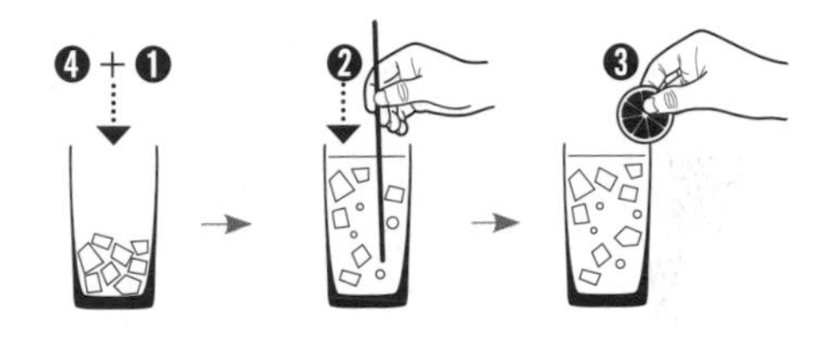

A：在杯中裝入半杯的冰塊，加威士忌，再用可樂加到滿後輕輕攪拌。

B：往杯裡擠入一小塊的萊姆汁。

Tip

若使用比冰塊大的大冰球，冰融的速度就不會那麼快，可以享用較長時間的濃烈味道。

Martini glass
類型｜短飲
主要的味道｜Sweet
酒精濃度｜★★☆
推薦下酒菜｜鹹餅乾

命中註定的絕配組合

拿鐵馬丁尼

– Latte martini –

伏特加與義式濃縮咖啡的一場甜蜜相遇。如果是用香草口味的伏特加來當基酒，就會喝起來香甜順口；如果使用乾伏特加，就會品嘗到清爽的味道。

Ingredient

❶ 香草口味的伏特加 45㎖
❷ 義式濃縮咖啡 10㎖
❸ 牛奶 25㎖
❹ 簡易糖漿 15㎖
❺ 巧克力醬（裝飾用）

How to make

A：將食材裝進雪克杯。
B：強烈搖盪，搖出充分的泡沫。
C：使用濾網，將飲料倒入馬丁尼杯。
D：用巧克力醬在表面做裝飾。

Tip

用巧克力醬做裝飾（也可以自行發揮創意延伸應用）

❶ 在泡沫上畫出三個同心圓。
❷ 用牙籤以圓心為中心由內而外畫直線。
❸ 在畫好的線中間再由外而內畫線。

Part 2

春夏秋冬！
隨著季節更迭陷入
雞尾酒的魅力

Season cocktails

Highball glass
類型｜長飲
主要的味道｜Sweet
酒精濃度｜★☆☆
推薦下酒菜｜起司條

春天時取代柚子茶

柚子雞尾酒

— Yuzu cocktail —

光看柚子的外表，就不像是個美味的果實，但它的果肉卻極具反差魅力。當柚子的酸甜滋味碰上蘭姆酒時，兩者會產生巨大的協同效應。喝了這杯雞尾酒之後，原本不愛柚子的人都會瞬間成為柚子的歌頌者。

Ingredient

❶柚子 1顆
❷蘭姆酒 45mℓ
❸香草口味的伏特加 15mℓ
❹Triple Sec 15mℓ
❺簡易糖漿 15mℓ
❻氣泡水
❼冰塊
❽柚子片（裝飾用）

How to make

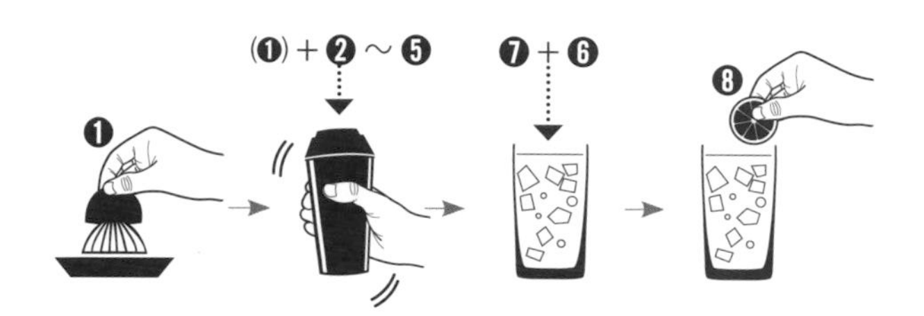

A：榨一整顆的柚子汁並倒入雪克杯，也加入其他酒類食材，然後搖盪。

B：將飲料和冰塊裝進Rock杯或高球杯中，再用氣泡水填滿杯子。

C：擺上柚子切片來裝飾。

Martini glass
類型｜短飲
主要的味道｜Sweet
酒精濃度｜★★☆
推薦下酒菜｜檸檬糖

掃描QR cord
觀看製作過程

Summer

為夏日帶來全新滋味

李子馬丁尼

– Plum martini –

李子馬丁尼是一個具有創意製作方法的口味。李子馬丁尼打破了大家對馬丁尼的固定觀念，也就是「馬丁尼一定要喝起來乾淨俐落」。李子用攪拌機打磨後會直接進入調酒步驟，所以咬在嘴裡時的味道真是極品。

Ingredient

❶ 伏特加 45mℓ
❷ 李子 1顆
❸ 簡易糖漿 15mℓ（或黃糖2茶匙）
❹ 冰塊
❺ 李子切片（裝飾用）

How to make

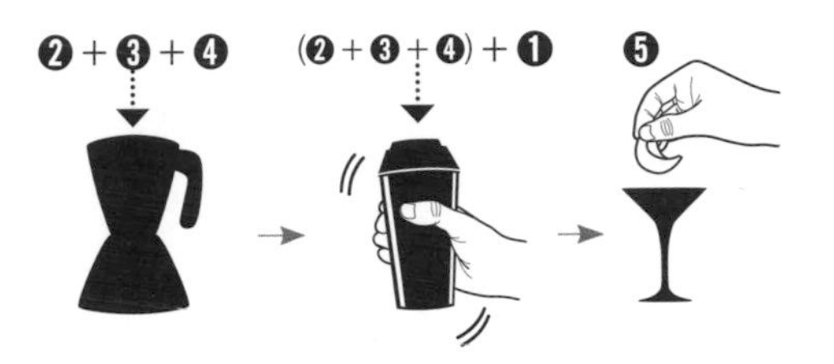

A：將去籽的李子、簡易糖漿和一顆冰塊放進攪拌機打磨。
B：將A和伏特加倒入雪克杯，然後搖盪。
C：直接倒進馬丁尼杯中，並以李子切片裝飾。

Champagne glass
類型｜長飲
主要的味道｜Sour
酒精濃度｜★★☆
推薦下酒菜｜水果

清涼的青葡萄冰塊

葡萄費士

– Grape Fizz –

也許這杯雞尾酒看似普通，但加上冷凍青葡萄做為裝飾就是讓這杯調酒畫龍點睛的地方。「葡萄費士」光看著調酒就感覺十分涼爽，一口酒配上冰冰涼涼的青葡萄，舒爽地驅散盛夏炎熱暑氣。

Ingredient

❶稀石伏特加 60㎖
❷白葡萄汁 20㎖
❸氣泡水 20㎖
❹冷凍青葡萄 10粒

How to make

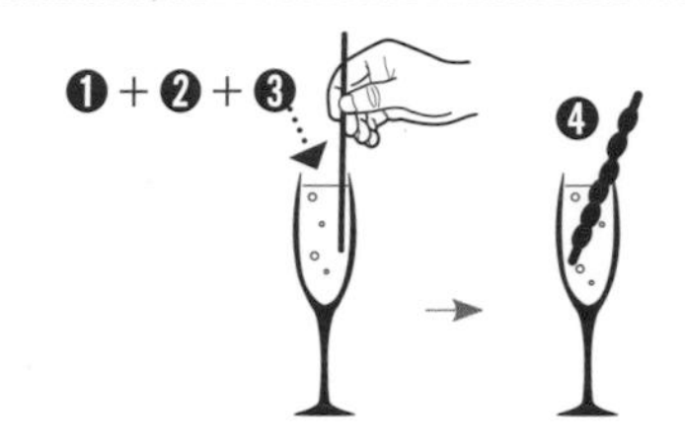

A：將10粒左右的青葡萄置於冷凍庫，稍微冷凍後備用。
B：將各食材裝入香檳杯並充分攪拌。
C：把冷凍青葡萄插在吸管上作為裝飾。

Tip

「費士」（fizz）為開啟碳酸飲料時會發出的聲響，意指會起氣泡的雞尾酒。先混好所有食材，最後加入氣泡水之類的碳酸飲料。最具代表性的就是以琴酒（gin）作為基酒，加入檸檬汁、蘇打水和糖來調製的「琴費士」（gin fizz）。

Margarita glass
類型｜長飲
主要的味道｜Sweet
酒精濃度｜★★☆
推薦下酒菜｜義大利香醋沙拉

滿滿熱帶水果的香甜

芒果瑪格麗特

– Mango margarita –

近年來台灣水果的話題在國際上達到「超級熱門」的討論程度，尤其最具代表性的芒果在夏季更是便宜好吃。在炎熱的夏天裡，待在自己家裡用芒果瑪格麗特來消暑吧！然後在心裡一邊催眠：我現在度假村裡……。

Ingredient

❶ 龍舌蘭酒 45mℓ
❷ Triple sec 15mℓ
❸ 芒果糖漿 10mℓ
❹ 萊姆汁 10mℓ
❺ 冰塊 8~10顆
❻ 芒果 ½顆（裝飾用）

How to make

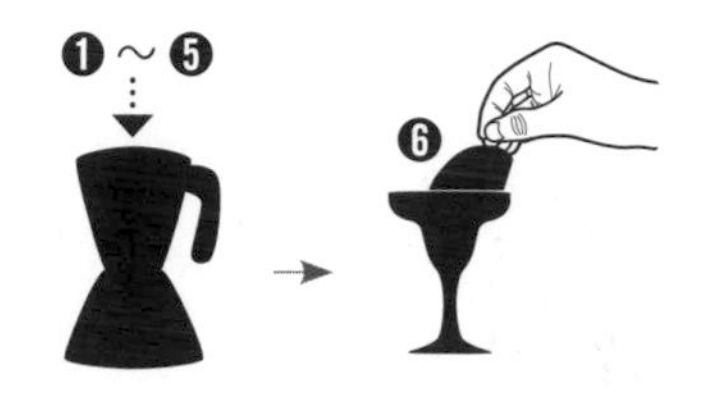

A：將芒果以外的食材，及8~10顆冰塊裝進攪拌機打磨。

B：飲料倒進瑪格麗特杯後，擺上芒果裝飾。

Tip

芒果瑪格麗特也可以在杯緣做鹽邊之後再享用。想喝這類冰沙口感的冰涼雞尾酒時，可以先冰鎮杯子，再倒入雞尾酒飲料，這樣喝起來就會更沁涼。

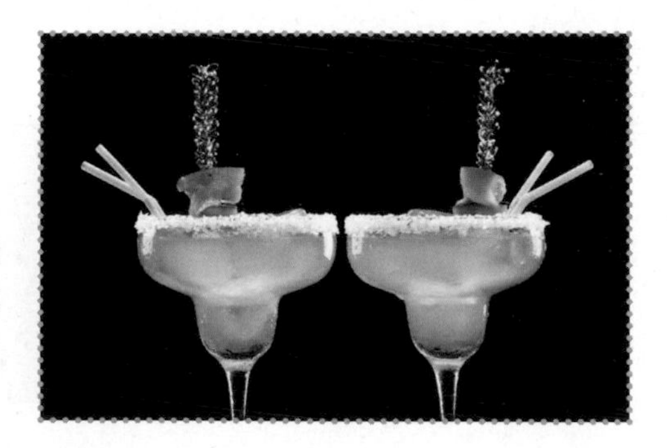

Hurricane glass
類型｜長飲
主要的味道｜Sweet
酒精濃度｜★☆☆
推薦下酒菜｜熱帶水果

如同悠遊在湛藍海岸

藍色夏威夷

– Blue hawaii –

這杯以夏威夷海邊為原型命名的藍色夏威夷的雞尾酒，非常適合在炎熱夏天及沙灘上喝。如果用鳳梨汁取代氣泡水，就會得到更清爽的口感。

Ingredient

❶ 蘭姆酒 45㎖
❷ 檸檬 ½顆
❸ 君度橙酒 15㎖
❹ 藍柑風味糖漿* 10㎖
❺ 氣泡水
❻ 冰塊
❼ 鳳梨 2~3塊（裝飾用）

* 藍柑風味糖漿
是以一種綠色柑橘的果皮乾製作而成，最常見是鮮豔的深藍色。是Triple sec或君度的替代食材。若加一點在檸檬氣水裡，就會是藍色檸檬氣水。

How to make

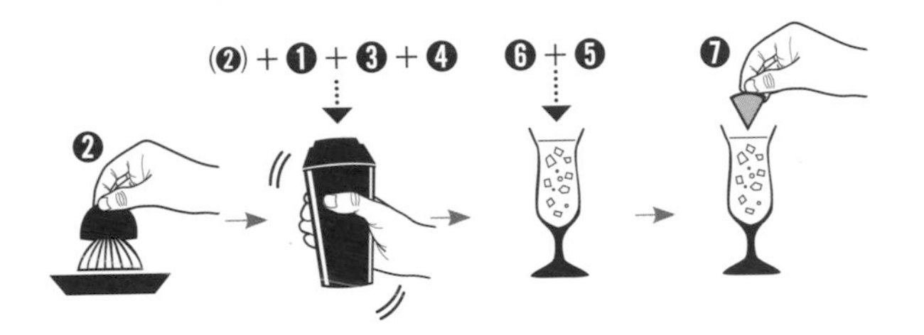

A：榨½顆的檸檬，並將檸檬汁、蘭姆酒、君度橙酒和藍柑風味糖漿裝入雪克杯後搖盪。
B：颶風杯中加入飲料和冰塊，再填滿氣泡水。
C：擺上鳳梨塊來裝飾。

mug glass
類型｜長飲
主要的味道｜Sweet
酒精濃度｜★☆☆
推薦下酒菜｜起司條+
醃漬高麗菜

冬日必備，暖心又暖胃

熱紅酒

– Vin chaud –

熱紅酒要慢火熬煮40分鐘至1小時左右，因為到後面絕大部分的酒精都會散掉，所以將其視作加入水果和辛香料的熱茶也無妨。就像是大家在感冒生病時會喝薑茶一樣，法國人喝的就是熱紅酒。近年來，也成為大家聖誕節想來一杯抵禦寒冬的神奇飲品。

Ingredient

❶紅葡萄酒 1瓶
❷橘子 1顆
❸檸檬 1顆
❹肉桂棒 3個
❺蜂蜜 3茶匙
❻八角、丁香、胡椒粒 適量
❼干邑白蘭地* 45mℓ

*干邑白蘭地
產地為法國干邑地區，以葡萄酒為原料製成的一種白蘭地。

How to make

A：把丁香和胡椒粒裝進茶包袋裡，或者插在橘子皮上，方便煮好後撈出來。

B：準備一個大湯鍋，鍋中放入切好的水果和所有食材。

C：熬煮1個小時左右，帶出水果香氣。

D：將熱湯及水果都撈進玻璃馬克杯。

Tip

熱紅酒要用小火煮，才能把水果和辛香料的味道煮出來。因為水果是帶皮煮的，要先把水果泡在鹽水約15分鐘後洗淨，再切成薄片（切得越薄越好）。萬一沒有辛香料的八角（木蘭科常綠喬木的果實：辣味、甜味）和丁香（丁香樹花蕾：甜味），只放胡椒粒也可以。就算不加干邑白蘭地，只有紅酒，也能煮出美味的熱紅酒。

Part 3

小酌時光！為自己訂製一杯療癒系調酒

for singles

Martini glass

類型｜短飲
主要的味道｜Sweet
酒精濃度｜★★☆
推薦下酒菜｜火腿起司沙拉

掃描QR cord
觀看製作過程

女孩們最愛的經典調酒

葡萄柚馬丁尼

– Grapefruit martini –

葡萄柚口味的伏特加和新鮮果汁形成微苦，卻十分相配的一杯雞尾酒。清爽又甜口，讓女性能毫無負擔地享用。偶爾可以用它取代葡萄柚茶，沉醉在其中！

Ingredient

❶ 葡萄柚口味的伏特加 45㎖
❷ 葡萄柚 ½顆
❸ 君度或Triple sec 30㎖
❹ 黃糖 1匙
❺ 冰塊 2~3顆

How to make

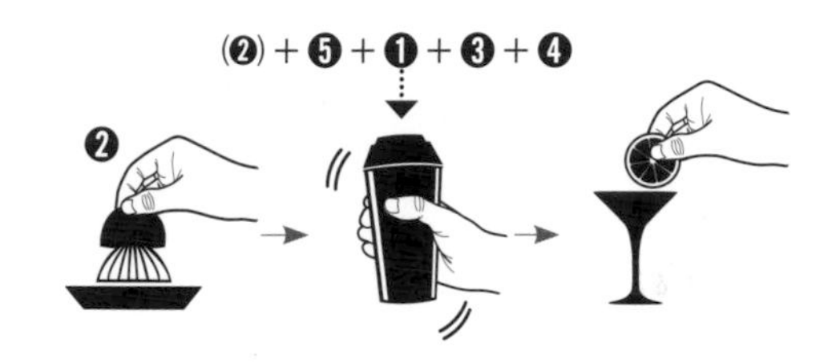

A：將½顆葡萄柚切一片薄片下來，其他榨汁。
B：在雪克杯中放入2~3顆冰塊和所有材料後搖盪。
C：將飲料倒入馬丁尼杯。
D：以A切好的葡萄柚切片裝飾。

Tip

如果在榨葡萄柚汁時摻入外皮油，到時候就會喝起來苦澀。所以只需要果肉的部分，要小心地榨汁。

Martini glass
類型｜短飲
主要的味道｜Sour
酒精濃度｜★★☆
推薦下酒菜｜海鮮乾貨

簡單卻又火辣辣

灰雁茴芹

– Grey goose anise –

茴芹（八角）香和水果味兩者絕妙地契合。這杯使用受到許多好萊塢名人、演員喜愛的灰雁伏特加調製而成的雞尾酒。

Ingredient

❶ 灰雁伏特加（檸檬味）* 45mℓ
❷ 八角糖漿 10mℓ
❸ 檸檬 ¼顆
❹ 生薑 1小塊
❺ 蘋果 ¼顆
❻ 八角油*、八角（裝飾用）

*灰雁伏特加（檸檬味）
法國產灰雁伏特加添加檸檬香的產品。存放在冷凍庫後再喝就很好喝。

*八角油
用八角提煉的油。八角是木蘭科植物的果實，呈八角星形。嘗起來有辣味和甜味，也散發甜香的極品。

How to make

A：生薑和蘋果裝進雪克杯搗碎。
B：接著加入榨好的檸檬汁、灰雁伏特加及八角糖漿。
C：充分搖盪後，將飲料倒入馬丁尼杯。
D：滴入幾滴八角油，擺上一個八角來裝飾。

Tip

八角糖漿的製作方法：在湯鍋中加入黃糖、水各200mℓ，再放入10顆八角，煮至沸騰，再靜置10小時使其融合。八角油的製作方法為將八角泡在橄欖油裡一整天即可。

Highball glass

類型｜長飲
主要的味道｜Sweet/Sour
酒精濃度｜★★☆
推薦下酒菜｜戈貢左拉起司披薩

甜中帶苦的安撫

威士忌費士

– Whisky fizz –

在那些陷入無止境憂鬱的日子、沒有任何事物能安慰自己的無情時間裡，很適合啜飲這杯雞尾酒。威士忌費士，是在濃郁威士忌裡增添香甜的蜂蜜和清爽的檸檬，最後再補滿氣泡水。喝了一杯之後，口腔內甜中微苦的餘韻和氣泡水的清爽感非常契合，有助於放鬆心情。

Ingredient

❶威士忌 60mℓ
❷檸檬 ½顆
❸蜂蜜水 20mℓ
（water：honey＝2：1）
❹氣泡水
❺冰塊

How to make

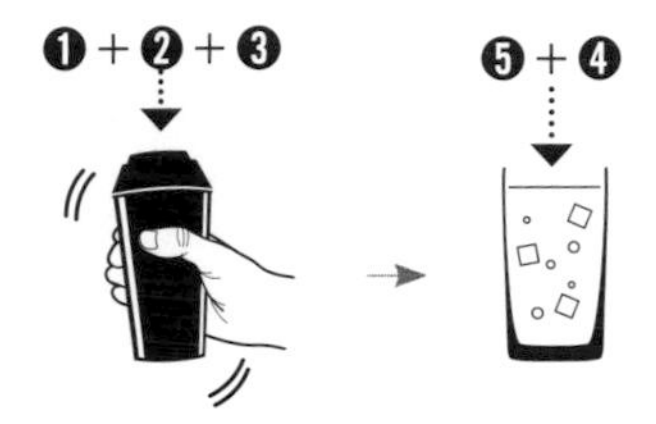

A：檸檬汁、威士忌、蜂蜜水和冰塊裝進雪克杯後搖盪。

B：在高球杯裡放入冰塊、倒入A，最後用氣泡水填滿杯子。

Rock glass
類型｜長飲
主要的味道｜Sweet
酒精濃度｜★★☆
推薦下酒菜｜甜甜的水果

掃描QR cord
觀看製作過程

今天也辛苦了！

薄荷茱莉普

– Mint julep –

一整天處理看不見盡頭、堆積如山的事情，過得像是在打仗一樣，或是看著努力活著的自己感到心滿意足的時候，就為自己調配一杯酒來喝吧！威士忌加上清爽薄荷香，能為疲憊的身體注入旺盛活力。今天也辛苦了！

Ingredient

❶威士忌 60㎖
❷蘋果薄荷 10片
❸黃糖 1茶匙
❹碎冰

How to make

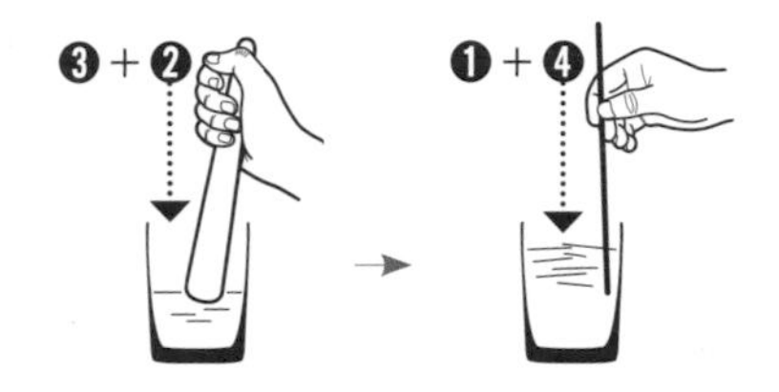

A：在Rock杯中放入黃糖和蘋果薄荷，接著稍微搗碎。

B：倒入威士忌，碎冰裝滿杯子，然後用吧叉匙攪拌即完成。

Tip

發源於美國南部的茱莉普，是最古老的雞尾酒之一。這份酒譜食材的重點是「薄荷」，放入充分的薄荷，釋放豐厚的味道和香氣。

Martini glass
類型｜長飲
主要的味道｜Sweet
酒精濃度｜★★☆
推薦下酒菜｜烤牛肉

想變得優雅的日子

赤紅的暮光

– Crimson twilight –

這杯加入羅勒和石榴的暗紅色雞尾酒。在想要擺脫緊繃日常、多照顧自己的日子裡，這杯鮮豔又有魅力的赤紅暮光將成為一份日常裡的小禮物。

Ingredient

❶ 伏特加 45mℓ
❷ 紅苦艾酒 15mℓ
❸ 羅勒 5片
❹ 石榴糖漿 10mℓ
❺ 櫻桃 7顆（裝飾用）

How to make

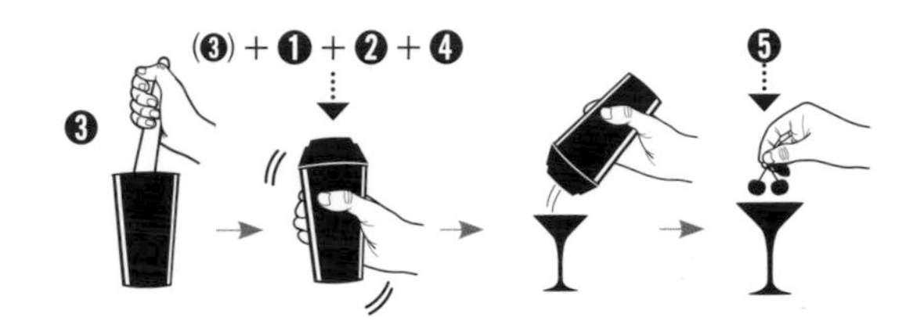

A：羅勒裝進雪克杯稍微搗碎，放入除櫻桃外的所有食材後搖盪。

B：將A倒入馬丁尼杯，再放數顆新鮮櫻桃來裝飾。

Tip

可依喜好調整用來裝飾的櫻桃數量。

Martini glass
類型｜長飲
主要的味道｜Sweet
酒精濃度｜★★☆
推薦下酒菜｜黑巧克力

掃描QR cord
觀看製作過程

從微醺時光解放壓力

巧克力馬丁尼

– Chocolate martini –

壓力山大時，甜甜的點心就是救援投手。這杯巧克力馬丁尼有著濃郁的甜味，又帶有些許酒精，能讓人產生幾分酒意。從各角度來看，都是一杯能緩解緊張的雞尾酒。

Ingredient

❶ 香草口味的伏特加 45mℓ
❷ 巧克力醬 15mℓ
❸ 義式濃縮咖啡 5mℓ
❹ 白可可香甜酒* 15mℓ
❺ 白巧克力 少量（鑲邊用）

＊白可可香甜酒
加入可可和香草籽製成的利口酒。

How to make

A：利用擠花袋將巧克力醬沾在馬丁尼杯的杯緣上，再用磨碎的白巧克力做鑲邊後備用。
B：雪克杯中加入巧克力醬與一杯義式濃縮咖啡後混合均勻。
C：放入其餘食材，經過搖盪後倒入杯中。
D：可再依喜好加入以巧克力裝飾。

Tip

鑲邊時可以使用巧克力粉，也可以用叉子刮巧克力塊來取得。

Rock glass
類型｜長飲
主要的味道｜Sweet
酒精濃度｜★★☆
推薦下酒菜｜條狀年糕

掃描QR cord
觀看製作過程

帶來活力的國民雞尾酒

生薑卡琵莉亞

– Ginger caipirinha –

生薑是能散熱袪寒又能解毒的食物，可以說是女性的補藥。在這杯雞尾酒裡，有嗆辣的生薑，但加入糖後便把苦味壓制住了，還散發一股獨特香氣。當你感到乏力時，就調製這杯雞尾酒補充元氣吧！

Ingredient

❶卡夏莎蘭姆酒 45㎖
❷生薑 1個
❸萊姆 ¼顆
❹黃糖 1½茶匙
❺碎冰
❻生薑片（裝飾用）

How to make

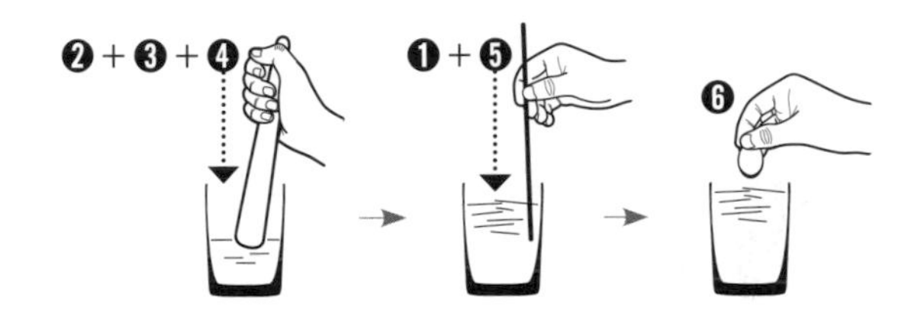

A：在大Rock杯中放入生薑、萊姆及黃糖後稍微搗碎。
B：加入卡夏莎蘭姆酒，用碎冰填滿杯子。
C：用吧叉匙充分攪拌。
D：再度添加碎冰，放入生薑片裝飾。

Tip

卡琵莉亞亦被稱作「巴西的國民飲料」。是加入了萊姆的代表性雞尾酒，與莫吉托及薄荷茱莉普都是沁涼系列的經典雞尾酒。

Highball glass
類型｜長飲
主要的味道｜Sour
酒精濃度｜★☆☆
推薦下酒菜｜核桃等堅果類

送給喜歡草本茶的人

皇家藥草

— Herb royal —

皇家藥草是加入迷迭香、薄荷和羅勒三種草本後調配出來的雞尾酒。製作這杯很有魅力的草本香雞尾酒時，最重要的關鍵是能誘發及散發出清新的味道和香氣。若是平時就很喜歡喝草本茶，那麼這杯皇家藥草也一定能滿足你。

Ingredient

❶ 琴酒 45㎖
❷ 簡易糖漿 10㎖
❸ 迷迭香、羅勒、薄荷 各1小把
❹ 檸檬 ½顆
❺ 通寧水
❻ 碎冰
❼ 薄荷、檸檬片（裝飾用）

How to make

A：在高球杯中放入檸檬後搗碎，再放入迷迭香、羅勒、薄荷輕輕搗碎。

B：接著放入琴酒、糖漿、通寧水，並充分攪拌後，用碎冰塞滿杯子。

C：放入薄荷和檸檬片裝飾。

Rock glass

類型｜長飲
主要的味道｜Dry
酒精濃度｜★★★
推薦下酒菜｜煙燻香腸

現在是享受威士忌的時間

古典酒

– Old Fashioned –

能夠真正享受威士忌的味道和香氣，大概都是幾歲的時候呢？雖然許多威士忌迷表示二十多歲就能有所感受，但我認為應該還是得步入三十歲後半才能確實知道吧！獻上這杯給成功男士的古典酒。在威士忌中加入**燃燒麥芽的煙**，**感受濃**郁的威士忌香氣吧！

Ingredient

❶威士忌 45mℓ
❷安格仕苦精 2~3滴
❸柑橘苦精 少許
❹簡易糖漿 15mℓ
❺麥芽* 少許
❻圓球冰塊
❼橘子皮（裝飾用）

* 麥芽（malt）
為威士忌的原料，在大麥中倒入適當水溫的水，過了三天左右就會發芽。燃燒麥芽後，將燒出來的煙裝入醒酒器中，然後再倒入威士忌，香氣會變得更濃。

How to make

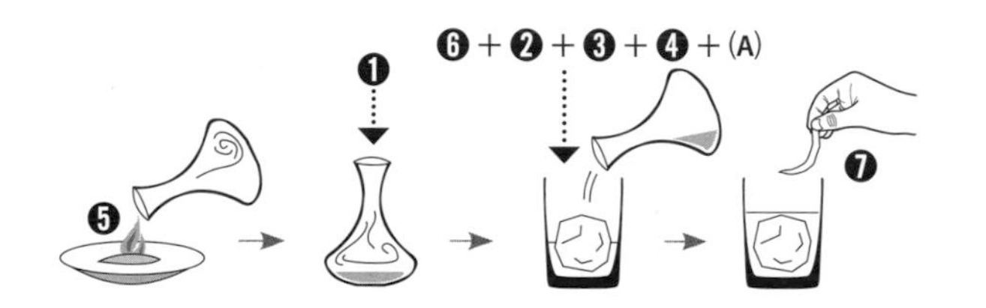

A：燃燒麥芽，然後將燒出來的煙裝進醒酒器，再倒入威士忌。

B：在Rock杯中放入圓球冰塊、苦精、糖漿，再倒入醒好酒的威士忌。

C：將橘子皮削成寬厚的一片並擺進杯中裝飾。

Tip

燃燒麥芽的步驟，用意是增添香氣，亦可省略。

Highball glass
類型｜長飲
主要的味道｜Sour
酒精濃度｜★★★
推薦下酒菜｜辣味炸雞

濃度高，但口感清爽溫柔

迪亞布羅

– El diablo –

能夠感受到龍舌蘭酒熱情的雞尾酒——迪亞布羅，龍舌蘭酒特有的龍舌蘭香與黑醋栗清香十分契合。嘗著香甜但其實酒精濃度很高，只要飲下一杯，就能知道它為什麼會叫「惡魔雞尾酒」了。

Ingredient

❶龍舌蘭酒 45mℓ
❷君度橙酒 15mℓ
❸黑醋栗香甜酒* 15mℓ
❹簡易糖漿 10mℓ
❺薑汁汽水 50mℓ
❻冰塊
❼紅醋栗或櫻桃（裝飾用）

*黑醋栗香甜酒
用黑醋栗（黑加侖）果實製成的利口酒。最早是16世紀時由法國的神職人員製作出來的。主要會與白葡萄酒及苦艾酒作為基酒搭配，酒精濃度約為18%。

How to make

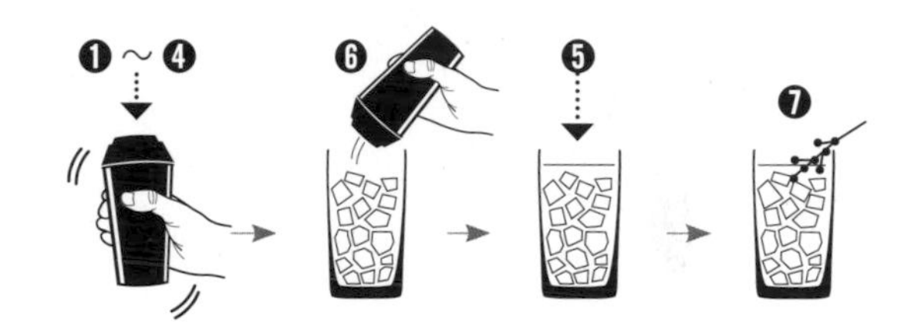

A：將薑汁汽水以外的所有酒和糖漿裝進雪克杯後搖盪，再倒入裝有滿滿冰塊的高球杯中。
B：將薑汁汽水填滿杯子，最後用紅醋栗或櫻桃裝飾。

Rock glass
類型｜長飲
主要的味道｜Sour
酒精濃度｜★★☆
推薦下酒菜｜毛豆

獨創浮誇系

彩椒調酒

– in paprika –

若把伏特加裝進彩椒裡，飲用這杯雞尾酒時從頭到尾都能聞到蔬菜的清香。再加上檸檬汁，增添爽口風味即完成。飲用完之後，可以把被當作杯子使用的彩椒「咔吱咔吱」吃掉。

Ingredient

❶彩椒 1顆
❷伏特加 45㎖
❸蘋果香甜酒 30㎖
❹檸檬 ⅛顆
❺簡易糖漿 10㎖（或黃糖1茶匙）
❻薄荷葉 少許（裝飾用）
❼碎冰

How to make

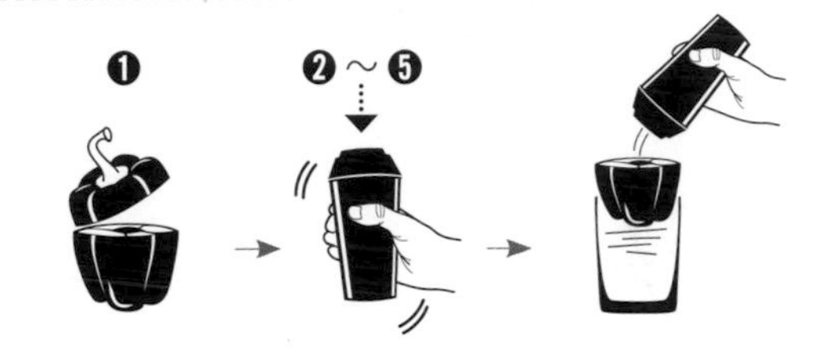

A：彩椒先切除蒂頭並將內部挖除乾淨。
B：將備好的食材裝進雪克杯後搖盪。
C：Rock杯裝滿碎冰、放上彩椒。
D：將B倒入彩椒裡，最後以薄荷裝飾。

Highball glass
類型｜長飲
主要的味道｜Sweet
酒精濃度｜★☆☆
推薦下酒菜｜生火腿

酒在口，甜在心

蜜瓜奶酒

– Milk melon –

這是一杯香醇滑順的牛奶加上了哈蜜瓜甜味的雞尾酒。因為能嘗到香甜水果的味道，容易一直一直喝，不知不覺就醉了，所以喝的時候要注意後勁喔！

Ingredient

❶蜜多麗* 30mℓ
❷哈蜜瓜 ⅛顆
❸香蕉 ½根
❹檸檬 ½顆
❺黃糖 1茶匙
❻牛奶 120mℓ
❼冰塊
❽哈密瓜（裝飾用）

*蜜多麗
蜜瓜香甜酒。1978年由日本三得利公司發售。蜜多麗（Midori）在日文中是綠色的意思。

How to make

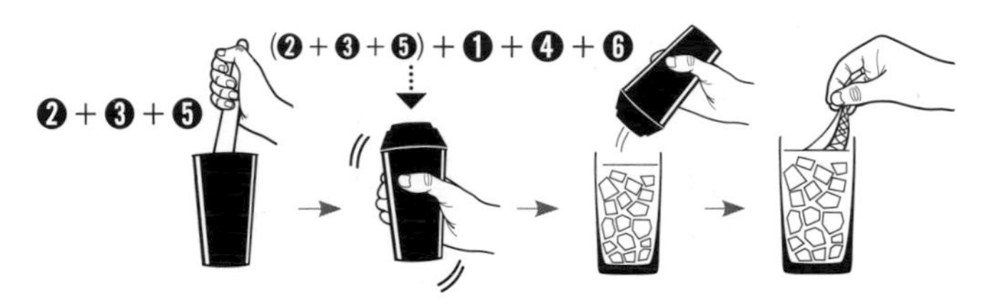

A：將哈蜜瓜去皮、香蕉和黃糖裝進雪克杯搗碎。
B：放入其餘的所有食材後搖盪。
C：將C倒入裝有滿滿冰塊的高球杯中。
D：擺上哈蜜瓜來裝飾。

Highball glass / Shot glass
類型｜長飲
主要的味道｜Bitter
酒精濃度｜★★☆
推薦下酒菜｜水果乾

一人獨享的砲彈酒

愛爾蘭汽車炸彈

– Irish car bomb –

這是愛爾蘭人愛喝的砲彈酒，也是常作為慶祝時喝的雞尾酒。它的威力比韓國人常喝的砲彈酒來得弱一些。在愛爾蘭啤酒健力士中，加了順滑的貝禮詩奶酒，也加了威士忌，味道雖強，但同時也香甜又順滑。

Ingredient

❶ 健力士 1罐（350mℓ）
❷ 愛爾蘭威士忌 15mℓ
❸ 貝禮詩奶酒 25mℓ

How to make

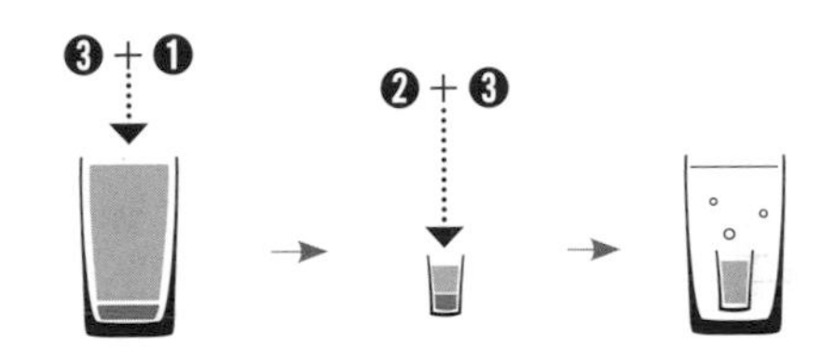

A：先倒入10mℓ貝禮詩奶酒在高球杯的最底層，再倒入一整罐健力士。

B：取一個shot杯，裝愛爾蘭威士忌及貝禮詩奶酒各15mℓ，讓shot杯泡入A的啤酒杯裡。

Tip

啤酒和貝禮詩奶酒混和在一起會凝固，倒入shot杯後請盡速飲畢。

Highball glass
類型｜長飲
主要的味道｜Bitter
酒精濃度｜★★☆
推薦下酒菜｜西洋芹

又鹹又辣的經典口味

血腥瑪麗

– Blood mary –

這杯是以16世紀中期英國第一位女王瑪麗一世命名的雞尾酒。當時瑪莉一世為復興天主教而迫害新教徒，因此得名「血腥瑪麗」；這杯雞尾酒的紅色番茄就象徵著「血」。在美國和英國，人們常將它當作解酒飲料來飲用。

Ingredient

❶ 伏特加 30㎖
❷ 番茄汁 100㎖
❸ 伍斯特醬 1茶匙
❹ 辣椒醬 2~3滴
❺ 鹽、胡椒 少許
❻ 檸檬汁 少許
❼ 冰塊
❽ 西洋芹 1根（裝飾用）

How to make

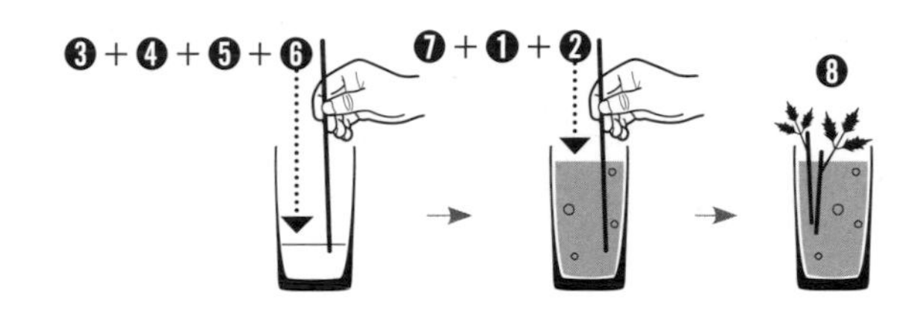

A：將伍斯特醬、辣椒醬、鹽、胡椒、檸檬汁裝進高球杯後用吧叉匙攪拌。

B：放冰塊，也放伏特加，最後再倒番茄汁並充分攪拌（可依喜好調整番茄汁的量）。

C：最後插上一根西洋芹裝飾。

Part 4
Cheers!
今晚只和你一起
享用雞尾酒
with people &
Special days

Martini glass
類型｜短飲
主要的味道｜Sweet
酒精濃度｜★★☆
推薦下酒菜｜起司

告白

告白時的最佳利器

玫瑰蘋果馬丁尼

– Rose apple martini –

這杯是蘋果風味再添加玫瑰香的雞尾酒。要對心上人告白時，就讓這杯玫瑰蘋果馬丁尼陪伴你吧？把這杯雞尾酒推薦給容易害羞、需要勇氣的你，用玫瑰花瓣營造浪漫的氛圍。

Ingredient

❶ 蘋果口味的伏特加 45mℓ
❷ 玫瑰花瓣 5瓣
❸ 檸檬 ⅛顆
❹ 玫瑰風味糖漿* 5mℓ
❺ 青蘋果糖漿 5mℓ

*玫瑰風味糖漿
帶有玫瑰香的糖漿。也會使用在咖啡或烘焙上。

How to make

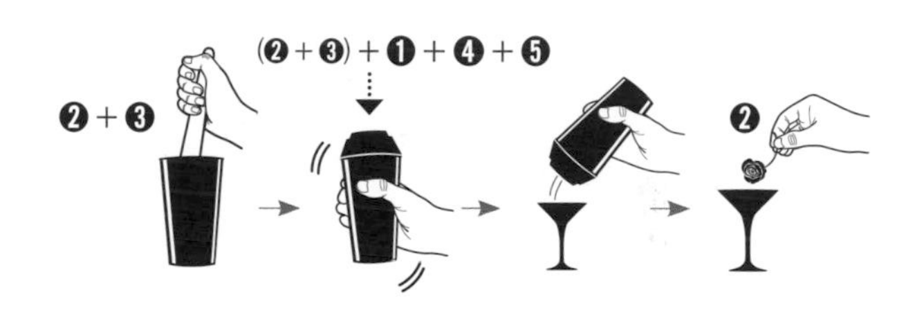

A：在雪克杯中放入3瓣玫瑰花瓣、擠入檸檬汁液後稍微搗碎。
B：加入所有糖漿和伏特加後搖盪，再倒入馬丁尼杯。
C：放入2瓣玫瑰花瓣或迷你玫瑰裝飾。

Tip

如果用迷你玫瑰來裝飾（如右圖），就會變成一杯女性都會很喜歡、超可愛的雞尾酒。

Champagne glass
類型｜短飲
主要的味道｜Dry
酒精濃度｜★★★
推薦下酒菜｜草莓

和閨蜜醉心的夜晚

香檳伏特加

– Champagne vodka –

這是杯越喝心情就越好的香檳伏特加，口感類似「冰火」。但有個必須注意的地方，這個酒譜的酒精比想像中還要強，建議在能放心酒醉的夜晚時飲用。

Ingredient

❶ 伏特加 15㎖
❷ 香檳 45㎖
❸ 草莓 ½顆（裝飾用）

How to make

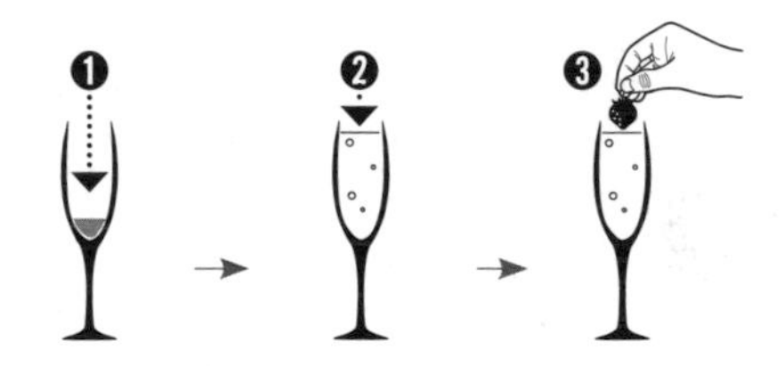

A：在香檳杯中加入15㎖的伏特加，然後倒入香檳。

B：將切成一半的草莓放入杯中。

Tip

可依喜好調整香檳的量。最後放草莓時，可能會讓碳酸竄上來甚至溢出，所以香檳只要倒到杯子¾處即可。

Rock glass
類型｜短飲
主要的味道｜Dry
酒精濃度｜★★★
推薦下酒菜｜水果雞尾酒

獻給父子

三位智者

- Three wiseman -

這是裝有三種威士忌的雞尾酒。這杯有品嚐味道的順序，所以在倒酒時一定要一層一層地堆疊，而且不能互相混到，這很重要。和父親對話時很適合用這個酒譜，來感受男人世界的沉穩風味。

Ingredient

❶ 金賓黑牌* 15mℓ
❷ 傑克丹尼* 15mℓ
❸ 約翰走路黑牌* 15mℓ
❹ 圓球冰塊

* 金賓黑牌
為波本威士忌的一種，是經過八年熟成的高級酒。

* 傑克丹尼
為田納西威士忌的一種。是美國田納西州單以高級食用玉米製作而成。

* 約翰走路黑牌
為調和威士忌的一種，由40多種蘇格蘭生產的威士忌調配而成。

How to make

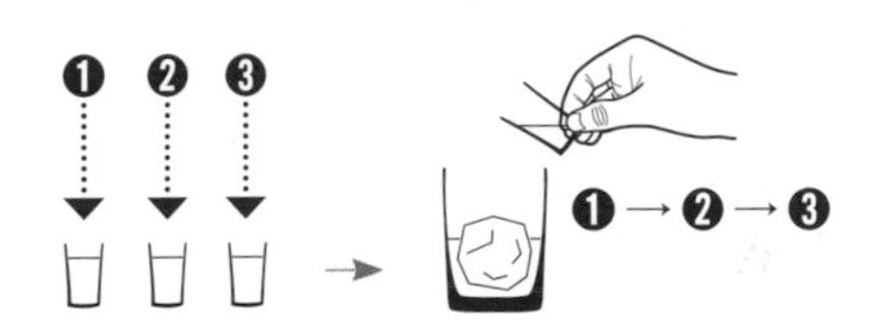

A：先將3種酒分別倒進三個shot杯。
B：在Rock杯中放圓球冰塊，再依照❶→❷→❸的順序倒進杯中，就像一層一層堆疊一樣。

Tip

雖然加冰飲用也很不錯，但如果想直接感受濃烈酒味及疊層變化，就不要加冰塊、用純飲的方式享用。

Highball glass
類型｜長飲
主要的味道｜Sweet
酒精濃度｜★★☆
推薦下酒菜｜貝果

珍珠奶茶大人版

珍珠伏特加

– Vodka bubble –

享用珍珠伏特加，除了能嘗到奶味和甜味，後面還能吃到彈牙且有嚼勁的珍珠。這杯雞尾酒具有神秘魔力——當你憂鬱到極點的時候喝下它，就會帶著你轉換心情。

Ingredient

❶ 伏特加 45㎖
❷ Triple sec 30㎖
❸ 牛奶 45㎖
❹ 草莓糖漿 15㎖
❺ 簡易糖漿 10㎖
❻ 珍珠 2茶匙
❼ 冰塊
❽ 草莓 ½顆（裝飾用）

How to make

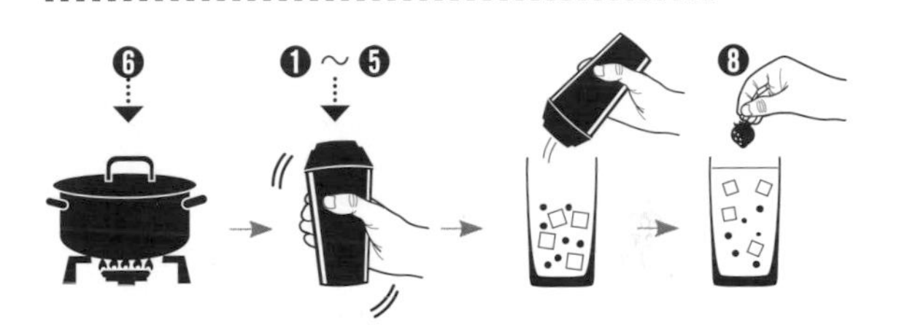

A：煮滾一鍋水，並放入珍珠煮5~10分鐘。
B：將❶～❺食材裝進雪克杯後搖盪。
C：珍珠煮好後裝進高球杯，再將B和冰塊倒入杯中。
D：擺上草莓來裝飾。

Tip

如果想讓珍珠更甜，那就在煮好後，放在龍舌蘭糖漿裡浸泡1~2小時後再使用。

Rock glass
類型｜長飲
主要的味道｜Dry
酒精濃度｜★★☆
推薦下酒菜｜燉牛肉、雜菜冬粉

增添慶祝入厝氣氛的餐前酒

尼格羅尼

— Negroni —

終於有了專屬自己的空間，迎來了正式發表獨立宣言的這天。若是餐前需要舉杯慶祝，這杯雞尾酒就是你的首選。義大利餐前酒——尼格羅尼，是以琴酒作為基酒，苦味超重的雞尾酒，在充滿油膩食物的派對上飲用，不僅能解膩、變得清爽，其味道帶來的平衡也很讚。

Ingredient

❶ 琴酒 45mℓ
❷ 香艾酒* 15mℓ
❸ 金巴利* 15mℓ
❹ 葡萄柚 ½顆
❺ 冰塊

*金巴利
一種具有柑橘皮香氣的利口酒。由義大利人加斯拜爾金巴利，改良了藥用利口酒的苦精後製成。

*香艾酒
由白葡萄酒、白蘭地和藥草混合的一種苦艾洒，帶有深紅色及撲鼻而來的甜味，常用於製作香甜雞尾酒。另外，由於香氣清爽，也常當開胃的餐前酒。

How to make

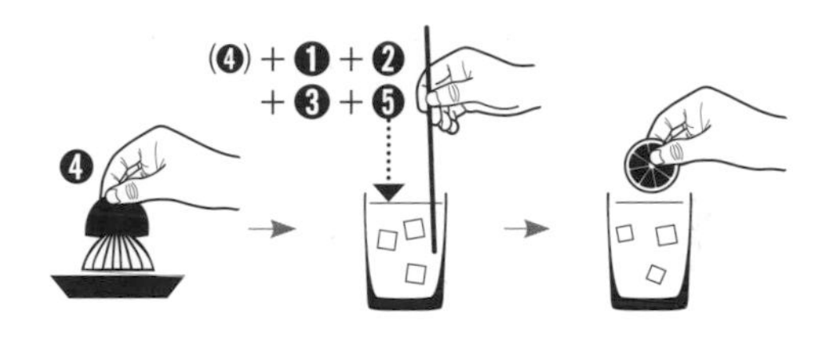

A：切下一片葡萄柚備用。
B：榨葡萄柚汁倒進Rock杯及其餘食材，再用冰塊填滿杯子。
C：用吧叉匙攪拌後，以切好的葡萄柚片裝飾。

Highball glass
類型｜長飲
主要的味道｜Sour
酒精濃度｜★☆☆
推薦下酒菜｜法式可麗餅

慶祝時乾杯的酒

梨子氣泡

- Pear bubble -

香檳是能隨時帶來好心情的酒。當有什麼事值得慶祝時，開瓶後「蹦」地一聲噴出香檳是很有氣氛沒錯，但如果覺得讓珍貴酒水噴得滿地都是有點不妥，那也可以只稍微發出「碰」聲後製作雞尾酒。梨子氣泡混合了香檳與梨子白蘭地，很適合在香甜風味之下一起舉杯慶祝。

Ingredient

❶梨子白蘭地* 15mℓ
❷簡易糖漿 10mℓ
❸檸檬 1/12顆
❹香檳 50mℓ
❺水梨切片（裝飾用）

*梨子白蘭地
以葡萄為原料的白蘭地中添加水梨的利口酒。

How to make

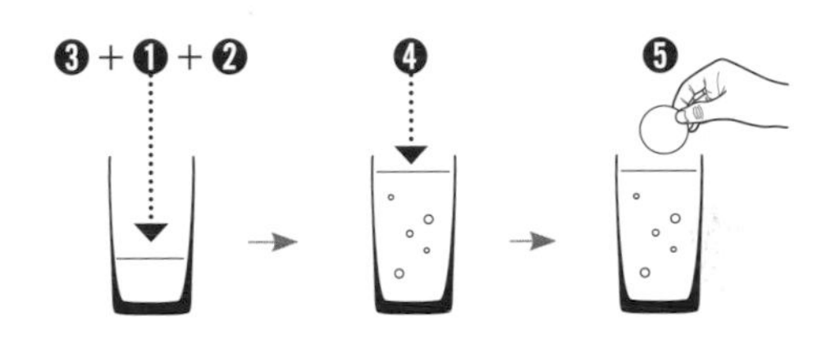

A：把榨好的檸檬汁倒進高球杯裡，再放梨子白蘭地和簡易糖漿後輕輕攪拌。

B：緩慢地加入香檳，避免溢出杯外。

C：將水梨切薄片，再緊貼在高球杯的杯壁旁，作為裝飾。

Mojito glass / Highball glass
類型｜長飲
主要的味道｜Sweet
酒精濃度｜★☆☆
推薦下酒菜｜蟹肉棒

掃描QR cord
觀看製作過程

最適合給陷入曖昧中的人

蜂蜜香茅飲

– Honey grass –

「再靠近一點點，就讓你牽手～」還在對兩人關係有著既期待又怕受傷害的心情嗎？如果有機會和對方一起喝一杯，那麼誠心推薦這杯蜂蜜香茅飲。這杯雞尾酒甜如其名。可以和對方說說Honey的這雞尾酒名，也藉機拉近心的距離吧！

Ingredient

❶ 琴酒 45mℓ
❷ 柑橘 ½顆
❸ 檸檬 ½顆
❹ 蜂蜜 30mℓ
❺ 氣泡水
❻ 冰塊
❼ 香茅 1支

How to make

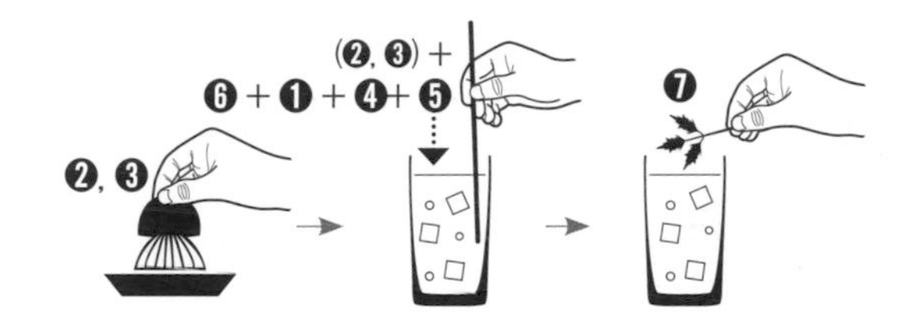

A： 把榨好的柑橘汁和檸檬汁倒進高球杯裡。
B： 用冰塊裝滿杯子後，放入其餘食材並攪拌。
C： 插入香茅即完成。

Snifter glass
類型｜長飲
主要的味道｜Dry
酒精濃度｜★★★
推薦下酒菜｜草莓糖

在愛裡的真心

愛情的力量

– Power of love –

一杯透著淡粉紅色的雞尾酒，中央還漂浮著一塊心型的冰塊。在可愛的色彩之下，可能會誤以為這雞尾酒的酒精濃度很低，但其實跟愛情一樣是非常濃烈的。

Ingredient

❶ 桃紅蘭姆酒 60mℓ
❷ 君度橙酒 15mℓ
❸ 玫瑰風味糖漿 10mℓ
❹ 簡易糖漿 5mℓ
❺ 檸檬 ¼顆
❻ 愛心冰塊

How to make

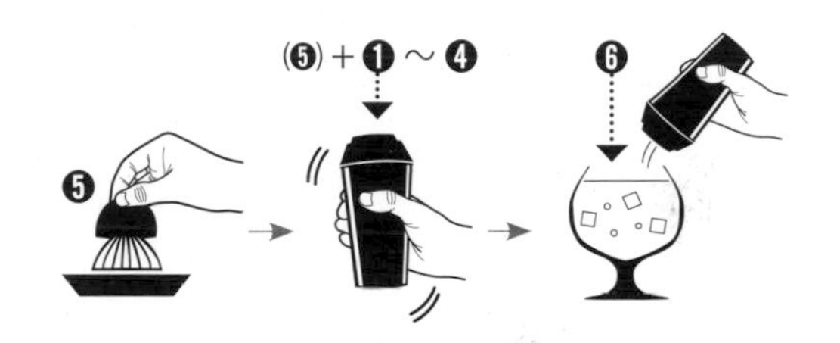

A： 將檸檬汁和食材統統裝進雪克杯並搖盪。
B： 在聞香杯裡放入愛心冰塊後倒進A。

Tip

可以在網路商店或各大商店購買矽膠心型的冰塊模具，價格為台幣一百元左右。

Watermelon
類型｜長飲
主要的味道｜Sweet
酒精濃度｜★☆☆
推薦下酒菜｜西洋芹

朋友派對

與朋友一起開趴的趣味

伏特加西瓜

– Vodka watermelon –

先等西瓜大口大口享用完伏特加，再把西瓜切成適口大小來吃，這杯雞尾酒是用吃的。不帶有酒味，反而很滑順。多虧了這款使用水果容器、不必額外準備酒杯的特調，這場與朋友狂歡的派對一定會是難忘的回憶。

Ingredient

❶ 西瓜 ½顆
❷ 伏特加 ¼瓶

How to make

A：將一顆西瓜切一半，並用刀開一個口，空出伏特加的位置。
B：直接把¼瓶的伏特加插進西瓜裡。
C：伏特加會慢慢滲入西瓜，直到全都被西瓜吸收後就可以切來吃了。

Tip

請依喜好調整伏特加的量。

Martini glass
類型｜短飲
主要的味道｜Dry
酒精濃度｜★★★
推薦下酒菜｜花生

獻給外柔內強的知性女子

柯夢波丹

– Cosmopolitan –

「柯夢波丹」這款調酒曾在美國影集《慾望城市》裡登場而大受歡迎。這是要獻給如調酒名般擁有縝密心思的知性女性。這份酒譜裡添加了艾普羅香甜酒，喝起來酸甜微澀，加上粉紅色澤與清新香氣，是女性調酒的熱門選項。

Ingredient

❶伏特加 45mℓ
❷君度橙酒 15mℓ
❸艾普羅香甜酒 5mℓ
❹蔓越莓汁 15mℓ
❺檸檬 ½顆
❻檸檬皮（裝飾用）

How to make

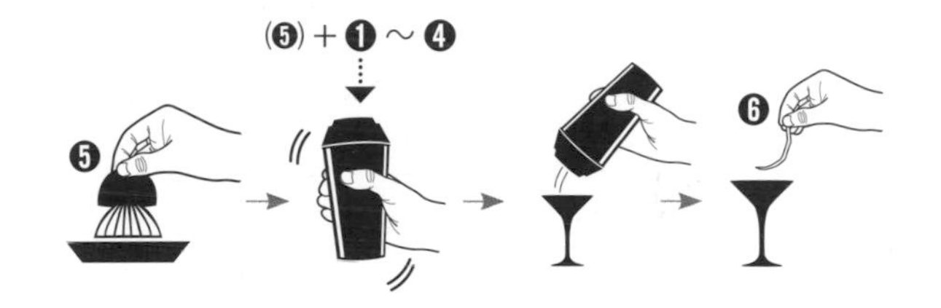

A：將檸檬擠汁，和酒類食材、蔓越莓汁一起裝進雪克杯後搖盪。

B：倒入馬丁尼杯中，擺上檸檬皮裝飾。

Double shot glass
類型｜短飲
主要的味道｜Sweet
酒精濃度｜★★☆
推薦下酒菜｜巧克力

與情人共度春宵

一份義式濃縮奶酒

– Espresso hot shot –

「奶酒」是熱騰騰咖啡與溫順奶油組成，兩者間的平衡感絕佳，適合在滂沱大雨或天氣寒冷的時候喝。雖然是短飲雞尾酒，量少到可以一口吞，但是味道和餘韻久久都不會散去。這杯跟情人節巧克力也超搭的。

Ingredient

❶ 榛果儷* 15mℓ
❷ 義式濃縮咖啡 20mℓ
❸（未打發的）鮮奶油 少許

*榛果儷
產地為義大利北部，以榛果、可可豆、香草、天然草本萃取物等為原料製成。比貝禮詩奶酒或可可利口酒，味道更深厚、更俐落。

How to make

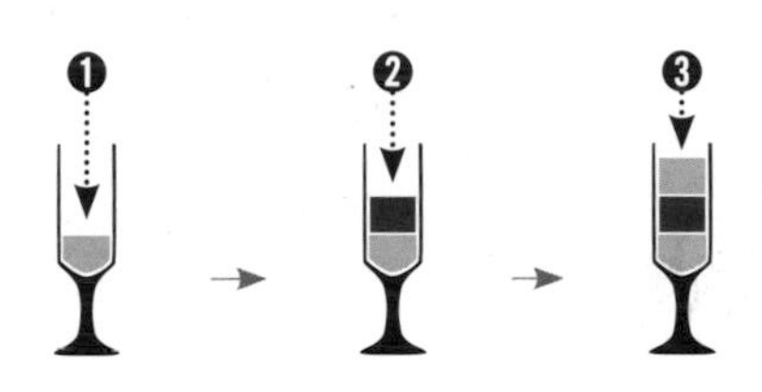

A：像層層堆疊那般依❶→❷→❸的順序將食材倒進雙倍shot杯中。

Tip

由於是用剛煮好、熱騰騰的咖啡來調的，調製完成後須立刻喝下，才能感受到調酒的最佳滋味。

Hurricane glass
類型｜長飲
主要的味道｜Sweet
酒精濃度｜★★☆
推薦下酒菜｜墨西哥玉米片沾辣椒醬

度蜜月時享用的雞尾酒

新加坡司令

– Singapore sling –

帶有櫻桃和琴酒香的甜雞尾酒。這杯雞尾酒呈美麗的粉紅色，讓人聯想到新加坡的夕陽而得名。辦完幸福的婚禮之後，如果能在蜜月旅行第一天，一起坐在陽台，邊看著照耀的夕陽、想像著未來邊享用，一定很棒。

Ingredient

❶ 琴酒 45mℓ
❷ 櫻桃白蘭地 20mℓ
❸ 君度橙酒* 10mℓ
❹ 班尼迪克汀* 10mℓ
❺ 紅石榴糖漿* 5mℓ
❻ 安格仕苦精 2~3滴
❼ 鳳梨汁 90mℓ
❽ 萊姆汁 15mℓ
❾ 冰塊
❿ 鳳梨或櫻桃（裝飾物）

*** 君度橙酒**
用柳橙皮製成的利口酒。也常用來製作蛋糕和甜點。

*** 班尼迪克汀**
用各種藥草製成的最古老利口酒之一。由班尼迪克汀修道院裡的一位僧侶開發，但至今其原始配方仍為機密。酒精濃度偏高，約42度，能有效解除疲勞。

*** 紅石榴糖漿**
在糖水中加入石榴而製成的糖漿。顏色呈紅色，是製作雞尾酒時最常用的水果糖漿。

How to make

A：將裝飾食材以外的所有食材裝進雪克杯。
B：強烈搖盪，搖出充分的泡沫，然後將飲料倒入颶風杯中。
C：用鳳梨或櫻桃來裝飾。

Champagne glass
類型｜長飲
主要的味道｜Sweet
酒精濃度｜★★★
推薦下酒菜｜起司

增添聖誕節氣氛

法式75

– French 75 –

十二月是一年最多節慶的月份，尤其是大人小孩都愛的聖誕節，這種日子「法式75」是絕不會缺席的，這款酒雖然口感圓潤，但酒精濃度高且容易喝醉，再加上內有香檳的氣泡，除了這杯以外，沒有其他可以炒熱派對氣氛的東西了，一定能讓大家在年末與新年的時光裡一同快樂舉杯慶祝。

Ingredient

❶香檳 40mℓ
❷萊姆 ¼顆
❸琴酒 15mℓ
❹簡易糖漿 5mℓ
❺萊姆片（裝飾用）

How to make

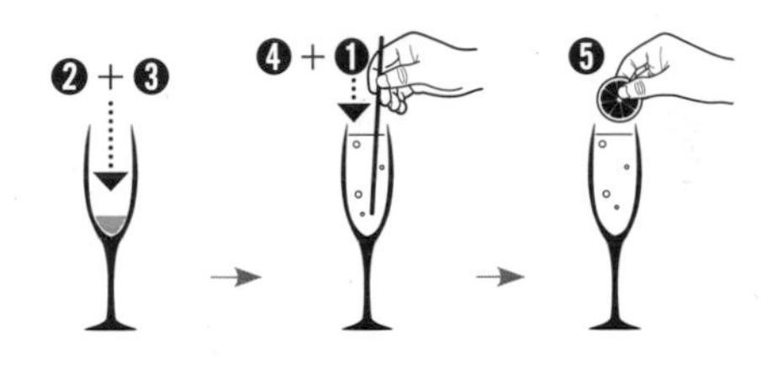

A：將萊姆汁擠入香檳杯裡，放入冰箱冰鎮後，再倒琴酒。
B：放一些簡易糖漿，然後加香檳到滿杯。
C：用吧叉匙輕輕攪拌。
D：加入萊姆片來裝飾。

Champagne glass
類型｜長飲
主要的味道｜Sour
酒精濃度｜★★☆
推薦下酒菜｜小管槍烏賊、
吉拿棒

象徵成年的藍海曙光

藍莓漩渦香甜酒

– Blueberry hpnotiq –

紀念自己已成為法定成年的這天，要怎麼過呢？光想像就令人悸動。這款漩渦香甜酒呈藍色，有著很新潮的瓶身，跟時髦派對是絕配。沁涼暢快的氣泡水，加上漩渦香甜酒內富含的清爽水果香氣，在這個成年之日，感覺到自己終於解放了！

Ingredient

❶漩渦香甜酒* 60mℓ
❷藍莓口味的伏特加 15mℓ
❸氣泡水
❹冰塊
❺藍莓 7~8粒（裝飾用）
❻迷迭香 少許（裝飾用）

* 漩渦香甜酒
由Raphael Jacob於2001年所創造，靈感源自他看到百貨公司陳列架上的藍色香水瓶。會拿來調製雞尾酒且呈藍色的利口酒，只有藍柑橘香甜酒和漩渦香甜酒而已。帶有清爽水果香的紅標伏特加，加上少量干邑白蘭地，酒精濃度低，直接純飲也可以，輕鬆無負擔。

How to make

A：冰塊裝滿香檳杯，倒入香甜酒和伏特加後攪拌。

B：氣泡水加到滿，然後用藍莓和迷迭香裝飾。

Highball glass
類型｜長飲
主要的味道｜Bitter
酒精濃度｜★☆☆
推薦下酒菜｜漢堡、肉乾

掃描QR cord
觀看製作過程

和家人一起

跟家人一起做超簡單雞尾酒

粉紅氣泡酒

– Pink sparkling –

炎炎夏日想在家簡單來杯酒，但不能總是只喝啤酒和燒酒嘛！這裡要介紹既不負擔又能製造氣氛的一款雞尾酒。步驟真的很簡單，別擔心。不管是跟家人一起在家辦派對，還是出去露營等等，大家都能盡興享用喔！

Ingredient

❶ 艾絲芮德熔合香甜酒*
❷ 氣泡水
❸ 冰塊

* 艾絲芮德熔合香甜酒
是一款熔合香甜利口酒，將馬達加斯加海岸所栽種頂級小麥經過九次的蒸餾後，再增添了西西里山的紅柑和芒果香氣。於2004年法國首次亮相，它清爽的色彩和味道，受到許多時尚潮流的女性喜愛。

How to make

A：冰塊裝滿杯，並以1：1的比例加入❶、❷食材後輕輕攪拌。

Tumbler
類型｜長飲
主要的味道｜Sour
酒精濃度｜★☆☆
推薦下酒菜｜葵花籽

需要舒展內心的時候

向日葵

– Sunflower –

今天這杯調酒是含有覆盆子和柳橙的清爽雞尾酒。在需要轉換心情的週末下午，插上盛開的向日葵來裝飾享用吧！

Ingredient

❶ 伏特加 60㎖
❷ 覆盆子 7~9顆
❸ 柳橙 ½顆
❹ 黃糖 1匙
❺ 覆盆子糖漿 10㎖
❻ 氣泡水
❼ 冰塊
❽ 向日葵（裝飾用）

How to make

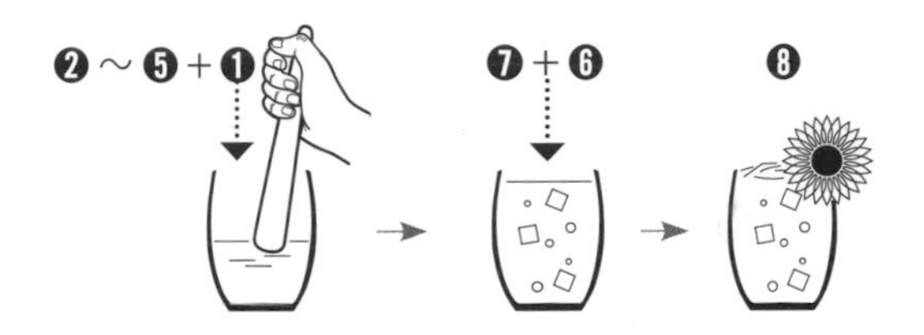

A：杯中放入覆盆子、柳橙、黃糖及覆盆子糖漿後，全部一起搗碎，再加伏特加。
B：冰塊裝滿杯子並用氣泡水加到滿。
C：把冰塊磨碎鋪在最上層，最後用一朵向日葵做裝飾。

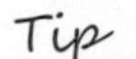

Tip

不一定要插上向日葵，直接喝雞尾酒，也能充分讓人轉換心情。

Part 5

家的餐酒館！
侍酒師精選料理×
調酒的命定組合

For dishes

Champagne glass
類型｜長飲
主要的味道｜Sweet
酒精濃度｜★☆☆

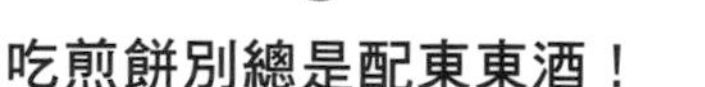

吃煎餅別總是配東東酒！

氣泡桑格利亞酒

– Sparkling sangria –

年輕的時候常跟朋友去喝酒，我們都固定點煎餅配東東酒*。直到有一天，在家裡做了煎餅，並把剩下的紅酒和水果拿出來，即興地調配了桑格利亞酒，結果沒想到配起來簡直是新世界。煎餅的香氣跟紅酒加水果的甜中帶酸，竟然可以這麼地搭！

Ingredient

❶白葡萄酒 1瓶
❷櫻桃 5顆
❸藍莓 1杯
❹覆盆子 1杯
❺草莓 1杯
❻水蜜桃 ½杯
❼蜂蜜 ¼杯
❽白蘭地 ⅓杯
❾氣泡水

*東東酒（동동주）
是取大米或糯米蒸煮後泡在水中發酵，並維持一定溫度，經過長時間發酵之後再重複動作，雜質在沉澱後，上層的清澈液體就是「東東酒」。東東酒的特色就是會喝到漂浮的米粒。

How to make

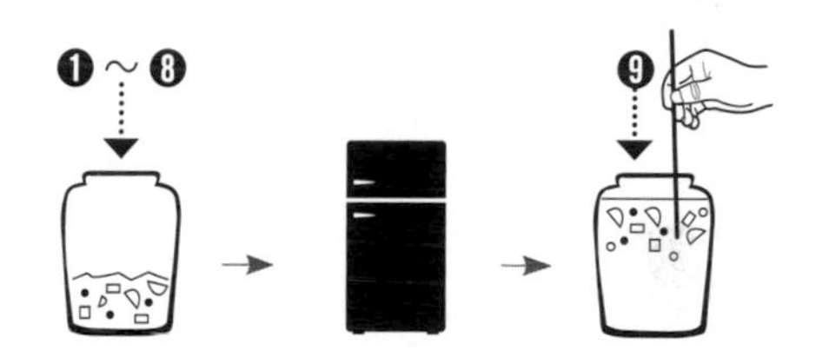

A：櫻桃、藍莓、覆盆子、草莓、水蜜桃均切成適口大小，然後裝進大罐子裡。
B：放入氣泡水以外的其他食材，接著冰在冰箱裡1~4小時、等待味道融合。
C：完成以後，加入氣泡水並攪拌。
D：再倒入香檳杯中即可飲用。

Tip

可以依照喜好放各種不同的水果。氣泡水要在飲用前加，這樣才能保留完整碳酸。不加酒譜上的白蘭地，只用白葡萄酒也可以。

Martini glass
類型｜短飲
主要的味道｜Bitter
酒精濃度｜★★☆

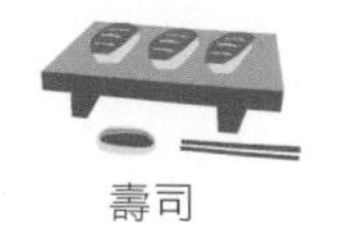

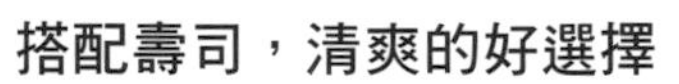

搭配壽司，清爽的好選擇

清酒馬丁尼

- Sake martini -

幾年前夏天，去到日本旅行，那時拜訪了一家有名的壽司店，也是那時遇見「清酒馬丁尼」這款特別的雞尾酒。是由清酒與葡萄酒組合而成，在口腔內有著卓越的平衡感，比單喝清酒時順口多了。回國後便立刻殺回酒吧，嘗試還原那杯清酒馬丁尼。

Ingredient

❶清酒 60mℓ
❷苦艾酒* 15mℓ
❸冰塊 8~10顆
❹小黃瓜片 1片（裝飾用）

*苦艾酒
白葡萄酒中混入白蘭地和藥草的利口酒。法國苦艾酒的酸味重，義大利苦艾酒的甜味重。清酒馬丁尼中使用的是乾式的法國苦艾酒。

How to make

A：將清酒和苦艾酒裝進雪克杯。
B：放8~10顆冰塊後攪拌，然後倒入馬丁尼杯。
C：用小黃瓜片來裝飾。

Tip

酒容易在攪拌時被冰塊稀釋，所以清酒可以先冰過再使用。

Highball glass
類型｜長飲
主要的味道｜Sour
酒精濃度｜★★☆

烤肉

搭配烤肉最對味

琴通寧

– Gin & tonic –

烤肉對大部分人來說，是最愛的下酒菜，油滋滋的美食搭配沁涼的琴通寧，簡直是絕配！尤其在炎炎夏日，來杯清爽的琴通寧重新找回活力吧！

Ingredient

❶ 琴酒 45㎖
❷ 通寧水 150㎖
❸ 萊姆 1/12顆
❹ 冰塊

How to make

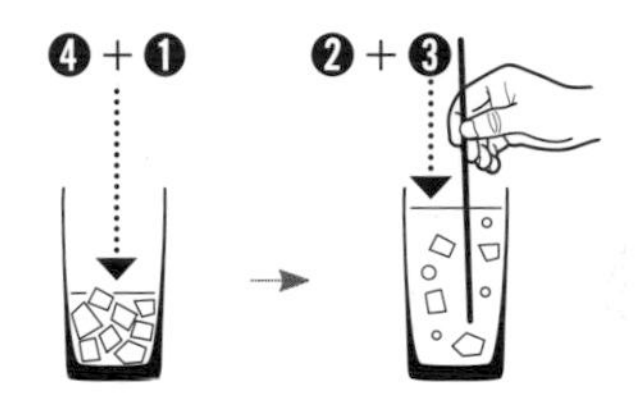

A：將冰塊和琴酒放進高球杯。
B：通寧水加到滿，輕輕攪拌，最後榨萊姆汁在杯裡。

Tip

琴酒的別名叫做「杜松酒」，杜松子（在歐洲常見的甜中帶苦的辛香料）稍微搗碎後添加，就能加重琴酒的香氣。如果再擺上小黃瓜片來裝飾，喝起來就會更清涼；如果沒有萊姆，可以用檸檬。

Snifter glass
類型｜長飲
主要的味道｜Bitter
酒精濃度｜★★☆

掃描QR cord
觀看製作過程

早午餐

搭配早午餐

可樂娜麗塔

– Coronarita –

這杯雞尾酒要選個天氣晴朗的週末在戶外飲用才對味。把這杯可樂娜麗塔推薦給想要在假日午後享受悠閒時光的所有人。

Ingredient

❶龍舌蘭酒 30mℓ
❷君度橙酒或Triple sec 20mℓ
❸萊姆 ½顆
❹萊姆汁 15mℓ
❺簡易糖漿 15mℓ
❻可樂娜啤酒（迷你瓶）1瓶
❼冰塊 8~10顆
❽鹽
❾萊姆皮或萊姆片（裝飾用）

How to make

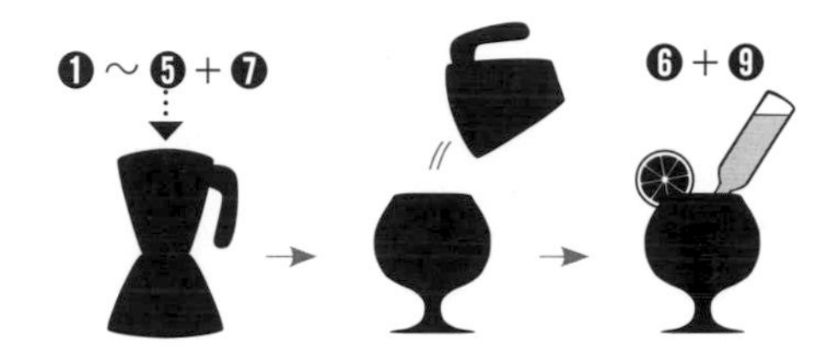

A：將可樂娜、鹽以外的食材及8~10顆冰塊裝進攪拌機打磨。
B：聞香杯上做鹽邊（可省略），然後把A倒進杯中。
C：將可樂娜迷你瓶整瓶倒插在聞香杯中。若沒有迷你瓶，倒入可樂娜至滿杯即可。
D：用萊姆皮或萊姆片裝飾。

Tip

若沒有可樂娜，使用其他啤酒也沒關係。重點是要用約200mℓ的迷你酒瓶，才能插入聞香杯中。

Champagne glass
類型｜長飲
主要的味道｜Sweet
酒精濃度｜★☆☆

卡布里沙拉

搭配卡布里沙拉

紅醋栗冰沙

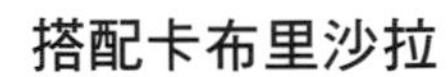

- Cassis frappe -

紅醋栗冰沙雞尾酒因為加入了碎冰而冰冰涼涼的，適合搭配由番茄和莫札瑞拉起司組成的卡布里沙拉一起享用。甜果香和些微的酒精能舒緩緊張的情緒，進而有了「喝了會想接吻的雞尾酒」浪漫外號。

Ingredient

❶黑醋栗香甜酒 45㎖
❷蔓越莓汁 15㎖
❸碎冰
❹紅醋栗或櫻桃 數顆（裝飾用）

How to make

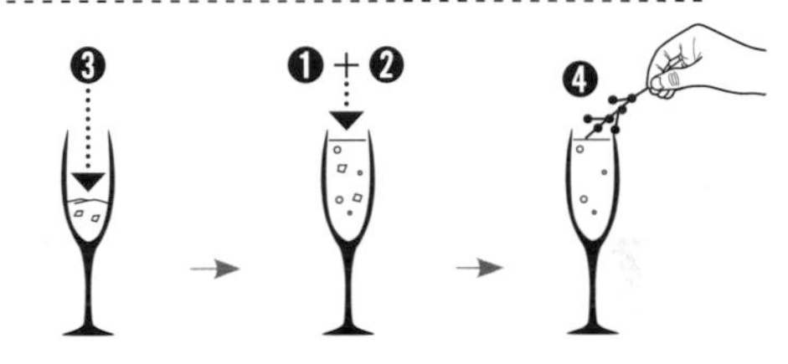

A：先將碎冰放進香檳杯。
B：把黑醋栗香甜酒和蔓越莓汁倒在冰上。
C：用紅醋栗果實或櫻桃裝飾。

Tip

如果想感受更濃烈的紅醋栗，可以不加蔓越莓汁，只加黑醋栗香甜酒增加風味。

Martini glass
類型｜短飲
主要的味道｜Sweet
酒精濃度｜★★☆

和辣雞腳超搭

蘋果雞尾酒

– Apple cocktail –

在韓國深受許多女性喜歡的辣炒雞腳，雖然好吃，但辣到讓人舌頭發麻、腦袋空白，這時就需要配乳酸菌飲料來解辣。而這杯蘋果雞尾酒就是以乳酸菌果汁為靈感，調配出來的，也許會懷疑怎麼可能有適合辣炒雞腳的雞尾酒，但只要試過一次就一定會愛上！

Ingredient

❶ 蘋果1顆
❷ 香草口味的伏特加 45mℓ
❸ 檸檬 ½顆
❹ 簡易糖漿 10mℓ
❺ 蘋果香甜酒 15mℓ
❻ 蔓越莓汁 25mℓ
❼ 肉桂棒、八角 各1個（裝飾用）

How to make

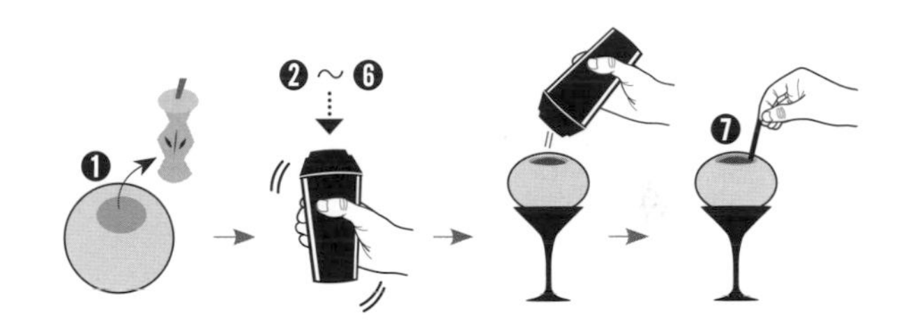

A：蘋果挖中空、去籽。
B：將檸檬汁擠入雪克杯，再放入其他食材，然後搖盪。
C：將B倒進挖了洞的蘋果杯，再用八角和肉桂棒裝飾。

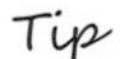

Tip

不用八角，只用肉桂棒裝飾也足以讓雞尾酒散發迷人香氣。

Highball glass
類型｜長飲
主要的味道｜Sweet
酒精濃度｜★☆☆

吃炸雞配不凡的調酒，真舒爽

柳橙啤酒

– Orange beer –

在炎熱夏天，只要因為太熱而無法入睡，我們全家就會去附近的公園、吹著涼爽的風吃炸雞。啃炸雞時，一定要配的當然就是啤酒啦！直到有一次，誤把柳橙汁倒進啤酒杯，結果味道竟然非常好。從此我們吃炸雞都只配柳橙啤酒。披薩或其他炸物也很適合喔！

Ingredient

❶ 啤酒 500㎖
❷ 柳橙 ½顆

How to make

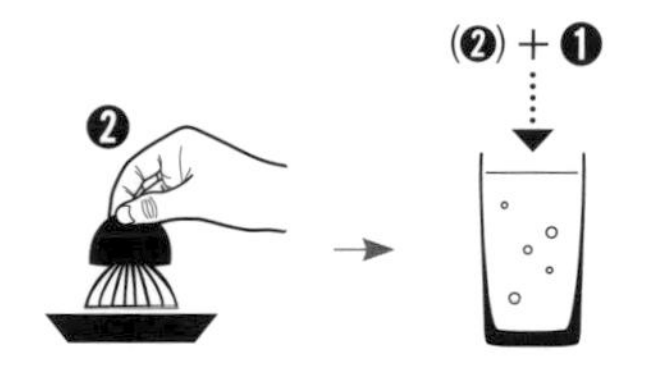

A：將榨好的柳橙汁倒入啤酒杯裡，再倒啤酒。

Tip

混合果汁和啤酒時容易起太多的氣泡，所以倒啤酒時要靠近杯子慢慢地倒。可以用現成柳橙汁取代新鮮現榨柳橙汁。

Highball glass
類型｜長飲
主要的味道｜Sour
酒精濃度｜★☆☆

掃描QR cord
觀看製作過程

義大利麵

與奶油義大利麵的黃金組合

金巴利柳橙

– Campari & Orange –

不論大人小孩，大家都愛吃奶油義大利麵，但總是吃到後來就覺得有些膩，這時有個很適合配奶油義大利麵的東西，那就是金巴利柳橙。以餐前酒為名的金巴利香甜酒，在混了柳橙汁之後，原先的酸味被果汁的甜味包覆住了。是個酸酸甜甜、能刺激食欲的雞尾酒。

Ingredient

❶ 金巴利香甜酒 45mℓ
❷ 柳橙 ½顆
❸ 簡易糖漿 10mℓ
❹ 氣泡水 80mℓ
❺ 冰塊

How to make

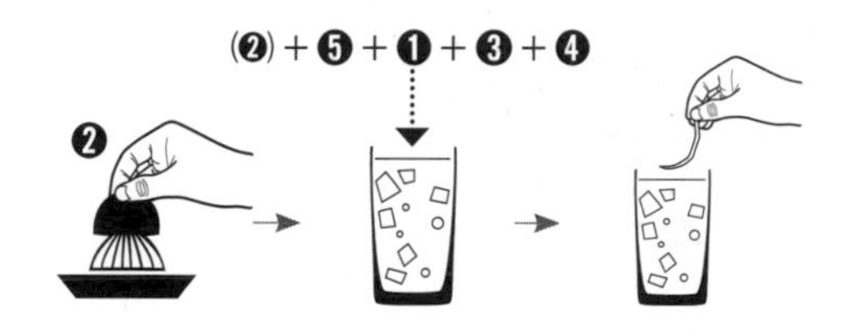

A：柳橙切下一片備用，其他榨成汁。
B：把榨好的柳橙汁倒進杯裡，裝冰塊。
C：在杯裡倒入金巴利和簡易糖漿，並用氣泡水加到滿。
D：擺上A切好的柳橙片來裝飾。

Part 6

向名人致敬！品嘗當代調酒的不敗風味

Famous cocktails

Martini glass
類型｜短飲
主要的味道｜Dry
酒精濃度｜★★★
推薦下酒菜｜鮭魚沙拉

掃描QR cord
觀看製作過程

雞尾酒迷羅斯福的鍾愛

F.D.R馬丁尼

– F.D.R martini –

F.D.R為羅斯福總統全名Franklin Delano Roosevelt的簡稱。羅斯福總統很喜歡雞尾酒，尤其是馬丁尼。據傳，羅斯福總統都會親自調配乾馬丁尼，也經常和邱吉爾一起喝。這是款琴酒馬丁尼加了橄欖的雞尾酒。

Ingredient

❶ 琴酒 45mℓ
❷ 苦艾酒 15mℓ
❸ 橄欖 3~4顆
❹ 橄欖（裝飾用）

How to make

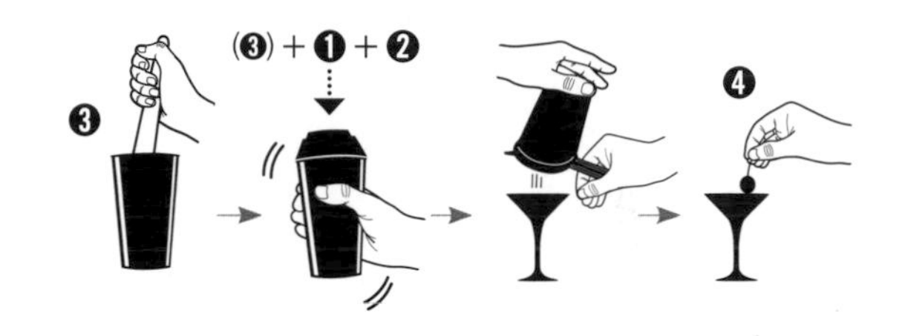

A：先用鹽水泡橄欖，再把3~4顆橄欖裝進雪克杯後搗碎。

B：加入琴酒和苦艾酒並搖盪。

C：使用濾冰器，將B倒入馬丁尼杯中。可再依喜好放入橄欖裝飾。

Tip

此酒譜不同於既有的F.D.R馬丁尼，為了讓橄欖味道更強，並非只用橄欖做裝飾，反而是將其搗碎了。搗碎橄欖後，亦可擠一兩滴的檸檬進去增加風味。

Martini glass
類型｜短飲
主要的味道｜Dry
酒精濃度｜★★★
推薦下酒菜｜橄欖

世界上最乾的馬丁尼

邱吉爾馬丁尼

– churchill martini –

馬丁尼通常都是由乾琴酒和苦艾酒照比例混合調配後飲用，但邱吉爾很愛喝很烈的酒。因此，據說，他不會加苦艾酒，只會望著苦艾酒瓶、喝著乾琴酒，於是創造出了這款純飲琴酒的喝法。各位也可以把一瓶酒放在旁邊，享受這杯邱吉爾馬丁尼吧！

Ingredient

❶琴酒 60㎖
❷苦艾酒 1瓶（觀賞用）
❸冰塊

How to make

A：琴酒加入雪克杯中，再放入冰塊快速攪拌後，倒入馬丁尼杯。
B：放一瓶苦艾酒在旁邊，然後享用乾琴酒。

Tip

聞著苦艾酒香氣來喝琴酒也不錯喔！

Martini glass
類型｜長飲
主要的味道｜Dry
酒精濃度｜★★★
推薦下酒菜｜橄欖

甜蜜的誘惑

瑪麗蓮夢露馬丁尼

– Marilyn monroe martini –

在1955年的《七年之癢》的電影中，瑪麗蓮夢露在馬丁尼中加了糖並喝著它來誘惑男人。因為這部電影的關係，甜甜的馬丁尼在當時女生間變得很有人氣，也因此有了「瑪麗蓮夢露馬丁尼」的名稱。加一顆方糖下去，感受一下當代的氣氛吧！

Ingredient

❶ 乾式琴酒* 60mℓ
❷ 苦艾酒 10mℓ
❸ 方糖 1顆
❹ 冰塊

*乾式琴酒
按照琴酒的誕生和製作的方式，有分荷蘭琴酒和倫敦乾琴酒。荷蘭琴酒氣味甜重，不太會用來調配雞尾酒。不甜的倫敦乾琴酒原先以倫敦為中心，後來越來越有名，到了今日，全世界各地到處都生產倫敦乾琴酒，也都使用「倫敦乾琴酒」的名稱。是在蒸餾酒中加入水和杜松子等香料後再次蒸餾的產品。

How to make

A：將琴酒、苦艾酒及方糖裝進雪克杯。
B：放一顆冰塊後用吧叉匙攪拌。
C：倒入馬丁尼杯中即完成。

Tip

可以用1匙砂糖或10mℓ簡易糖漿來取代方糖。

Martini glass
類型｜短飲
主要的味道｜Dry
酒精濃度｜★★★
推薦下酒菜｜堅果類

007詹姆士龐德的酒

伏特加馬丁尼

— Vodka martini —

「伏特加馬丁尼」做為007系列電影中詹姆士龐德的愛酒而聞名。一般馬丁尼是用琴酒當基酒的，直到電影上映、出現伏特加馬丁尼後便受到許多人喜愛。自從有了這款雞尾酒後，以伏特加為基酒的各種水果系列馬丁尼也漸漸受到關注。

Ingredient

❶ 橘子口味的伏特加 60㎖
❷ 苦艾酒 14㎖
❸ 檸檬皮（裝飾用）

How to make

A：將橘子口味的伏特加和苦艾酒裝進雪克杯後搖盪。

B：將飲料倒入馬丁尼杯，再擺上切成細長條的檸檬皮來裝飾。

Tip

1. 電影中，詹姆士龐德的經典台詞：「Vodka martini, shaken not stirred.（伏特加馬丁尼，用搖的，不要攪拌。）」於1964年007系列第三部電影《007：金手指》中首次登場。
2. 用來裝飾的檸檬皮也可以換成其他柑橘皮，直接用剝的，或是使用削皮器或刨絲刀來處理都可以。

Rock glass
類型｜短飲
主要的味道｜Dry
酒精濃度｜★★★
推薦下酒菜｜咖啡花生、蜂蜜花生

梵谷的酒

艾碧斯

– Absinthe –

濃度平均高於70%的艾碧斯，據說是會讓人產生幻覺的酒，甚至還讓梵谷割了耳朵，當然這都只是傳聞。但因為19世紀酒精濃度很高的艾碧斯淪為犯罪工具，因此甚至有一度被禁止販售，現在已經解禁、回歸市場！而這款酒譜食材簡單但喝法卻很獨特。

Ingredient

❶ 方糖 1顆
❷ 艾碧斯香甜酒* 45㎖

*** 艾碧斯香甜酒**
用中亞苦蒿、杏仁、茴香、茴芹等香料製作的利口酒。由於是綠色的液體而有「綠色惡魔」之稱；因為是梵谷喜歡的酒而廣為人知。艾碧斯顏色接近螢光綠，但加入水就會變成黃色。

How to make

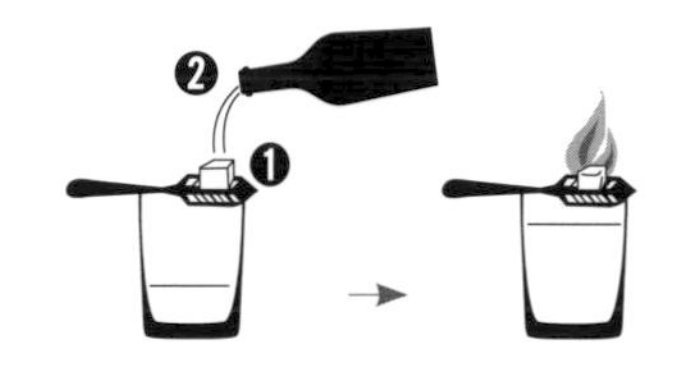

A：將艾碧斯專用湯匙放在杯子上（若沒有專用湯匙，用沒有孔洞的普通湯匙也可以）。
B：放一顆方糖在湯匙上後，在上面倒艾碧斯。
C：在方糖上點火。

Tip

※因為是烈酒，酒量不好的人可加一點水後再喝。

※選購艾碧斯專用湯匙重點
－要比裝艾碧斯的杯子直徑長
－湯匙上的孔洞要是艾碧斯能順利通過的大小
－放在杯子上時能不掉落而穩固

Martini glass
類型｜短飲
主要的味道｜Sweet
酒精濃度｜★★☆
推薦下酒菜｜雞蛋吐司

掃描QR cord
觀看製作過程

獻給丈夫——約翰·F·甘迺迪

賈姬戴克利

— Jackie daiquiri —

約翰·F·甘迺迪是政治界中喜愛雞尾酒的名人之一。賈姬戴克利這杯雞尾酒，總能化解甘迺迪在從政時產生的疲勞。是賈桂琳·甘迺迪為丈夫所調配的，她在一般的戴克利裡增添柳橙香，後來也受到許多人喜愛。

Ingredient

❶ 蘭姆酒 45mℓ
❷ 萊姆 ½顆
❸ 柳橙 ½顆（或君度橙酒 15mℓ）
❹ 簡易糖漿 15mℓ
❺ 冰塊
❻ 柳橙皮（裝飾用）

How to make

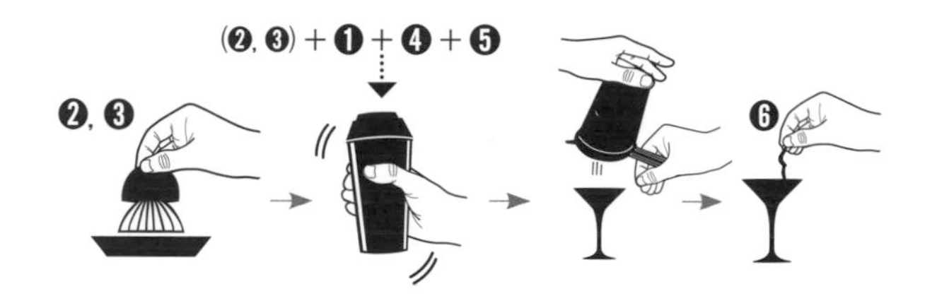

A：先榨萊姆汁和柳橙汁。
B：把所有食材裝進雪克杯後搖盪。
C：使用濾冰器，將B倒入馬丁尼杯，再用柳橙皮做裝飾。

Tip

賈姬戴克利一般會使用冷凍的萊姆和柳橙汁來調配，但為了能含有新鮮水果的風味，酒譜中使用了新鮮水果。若要用柳橙香的利口酒也就是君度，那就可以不需要加新鮮柳橙。

Margarita glass
類型｜長飲
主要的味道｜Sweet
酒精濃度｜★★☆
推薦下酒菜｜洋芋片

海明威的摯愛

冰沙戴克利

– Frozen daiquiri –

「冰沙戴克利」被稱作「海明威的戴克利」，是把經典雞尾酒「戴克利」弄得像雪酪一樣後冰冰的喝，巧妙融合酒香、萊姆清香與酸度和淡淡甜味，讓人神清氣爽。據傳，海明威能在歷經十年低潮期後出版《老人與海》一書，多虧了閒暇時喝的這杯冰沙戴克利。

Ingredient

❶蘭姆酒 45㎖
❷Triple Sec 30㎖
❸萊姆 ½顆
❹簡易糖漿 15㎖
❺冰塊 8-10顆
❻萊姆皮（裝飾用）

How to make

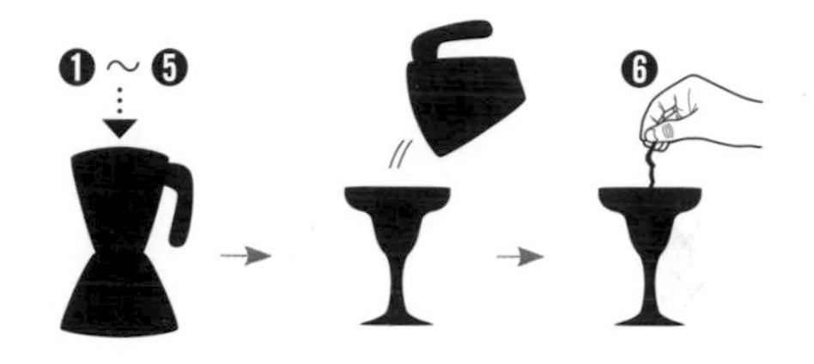

A：將酒類食材和簡易糖漿裝進攪拌機，也放入削好皮的½顆萊姆。

B：放8~10顆冰塊後打成冰沙狀。

C：將B倒入瑪格麗特杯，擺上萊姆皮裝飾。

Tip

在削萊姆皮時，要想著最後的裝飾、花些心思在皮的形狀。如果想要感受更濃郁的蘭姆酒香，可以灑一點蘭姆酒在完成的冰沙戴克利上。

用超市裡
輕易買到酒款
來調配的
雞尾酒

向各位介紹能以馬格利酒和燒酒作為基酒

調製出的4款簡單雞尾酒

燒通寧

Ingredient

❶ 燒酒 60mℓ
❷ 通寧水 150mℓ
❸ 檸檬 ⅛顆
❹ 冰塊

How to make

A：杯中裝滿冰塊，放入擠好的檸檬汁，也把那片檸檬直接放入杯中。
B：加入燒酒，再用通寧水加到滿並充分攪拌。

水蜜桃冰茶燒酒

Ingredient

❶ 燒酒 60mℓ
❷ 水蜜桃風味冰茶 150mℓ
❸ 檸檬 ⅛顆
❹ 水蜜桃糖漿 10mℓ
❺ 冰塊

How to make

A：杯中裝滿冰塊，放入所有食材後攪拌。
※ 若沒有水蜜桃糖漿，就放1匙黃糖。

青葡萄馬格利

Ingredient

❶ 馬格利 65mℓ
❷ 青葡萄 8~10顆
❸ 養樂多 30mℓ（約½瓶）
❹ 青葡萄汁 10mℓ
❺ 蜂蜜 1匙
❻ 冰塊

How to make

A：將食材和5~6顆冰塊裝進攪拌機打泥。
B：將飲料倒入杯中，再用青葡萄做裝飾。
※ 若沒有青葡萄，就加20mℓ青葡萄汁來打磨即可。

藍莓馬格利

Ingredient

❶ 馬格利 65mℓ
❷ 藍莓 10~12粒（或藍莓醬2匙）
❸ 養樂多 30mℓ（約½瓶）
❹ 蜂蜜 2匙
❺ 檸檬 1/16顆
❻ 冰塊

How to make

A：在攪拌機中放入食材、擠入檸檬汁。
B：放5~6顆冰塊後打磨。
C：將飲料倒入杯中，再用藍莓做裝飾。

INDEX1_ 依據基酒找雞尾酒

查詢基酒和酒精濃度來選雞尾酒吧！

伏特加

輕鬆喝一杯（酒精 ★☆☆）

增添氣氛來一杯（酒精 ★★☆）

很烈的來一杯（酒精 ★★★）

Jose Cuervo
Especial

JACK DANIEL'S
Old No.7
Tennessee
WHISKEY
70cl 40% Vol.

BACARDI
SUPERIOR

琴酒

輕鬆喝一杯（酒精 ★☆☆）

增添氣氛來一杯（酒精 ★★☆）

很烈的來一杯（酒精 ★★★）

白蘭地

輕鬆喝一杯（酒精 ★☆☆）

增添氣氛來一杯（酒精 ★★☆）

葡萄酒＆香檳

輕鬆喝一杯（酒精 ★☆☆）

很烈的來一杯（酒精 ★★★）

利口酒＆ETC

輕鬆喝一杯（酒精 ★☆☆）

增添氣氛來一杯（酒精 ★★☆）

很烈的來一杯（酒精 ★★★）

INDEX2_ 按注音找雞尾酒

Old No.7 BRAND
Old No.7 BRAND
SOUR MASH
WHISKEY
70cl 40% Vol.
DISTILLED AND BOTTLED
LYNCHBURG, TENNESSEE 37352
DANZKA
FINEST GOLDEN WHOLE GRAIN
IMPORTED 75 cl
AUX QUATRE COINS
1849
LIQUEUR
COINTREAU
L'UNIQUE
UNE HARMONIE
SUBTILE ET NATURELLE
DES ÉCORCES
D'ORANGES
DOUCES ET AMÈRES
MAISON FONDÉE EN 1849
DISTILLATEUR LIQUORISTE
ANGERS FRANCE
40%ALC/VOL 700 mL
PRODUCT OF FRANCE

SILVER
PATRÓN
IMPORTED
Calories 10
Total Fat 0g
Sodium 0mg
Total Carbohydrate
Protein 0g
Taboo
500 ml

台灣廣廈 國際出版集團
Taiwan Mansion International Group

國家圖書館出版品預行編目（CIP）資料

調酒技法全圖解【附QRCODE影片】：一看就懂！跟著調酒師的創作思維、調配技法到應用演繹，享受雞尾酒的76款酒譜製作與圖示教學！/朴珠和作.
-- 初版. -- 新北市：臺灣廣廈有聲圖書有限公司, 2023.08
面；　公分
ISBN 978-986-130-588-2(平裝)

1.CST: 調酒

427.43　　　112008488

調酒技法全圖解【附QRCODE教學影片】

一看就懂！跟著調酒師的創作思維、調配技法到應用演繹，享受雞尾酒的76款酒譜製作與圖示教學！

作　　者／朴珠和
譯　　者／林大懇
編輯中心編輯長／張秀環
編輯／陳宜鈴
封面設計／林珈伃・內頁排版／菩薩蠻數位文化有限公司
製版・印刷・裝訂／皇甫・秉成

行企研發中心總監／陳冠蒨
媒體公關組／陳柔彣
綜合業務組／何欣穎
線上學習中心總監／陳冠蒨
數位營運組／顏佑婷
企製開發組／江季珊

發 行 人／江媛珍
法 律 顧 問／第一國際法律事務所 余淑杏律師・北辰著作權事務所 蕭雄淋律師
出　　版／台灣廣廈
發　　行／台灣廣廈有聲圖書有限公司
地址：新北市235中和區中山路二段359巷7號2樓
電話：(886) 2-2225-5777・傳真：(886) 2-2225-8052

代理印務・全球總經銷／知遠文化事業有限公司
地址：新北市222深坑區北深路三段155巷25號5樓
電話：(886) 2-2664-8800・傳真：(886) 2-2664-8801
郵 政 劃 撥／劃撥帳號：18836722
劃撥戶名：知遠文化事業有限公司（※單次購書金額未達1000元，請另付70元郵資。）

■出版日期：2023年08月
ISBN：9789861305882